U0042485

其實大家都想做菜

莊祖宜—著

推薦序
滋味與知味

蔡珠兒

　　冷風呼呼，寒雨簌簌，五年前的一個冬夜，收到書稿，打開電腦，本想隨意翻翻，先看個梗概，可是那字句好像有黏性，粘了手吸了眼，怎也放不下，就這麼一段段，一篇篇看到夜深。終於忍不住，忿然拍案而起，推開電腦衝到廚房——肚子餓，手更癢，非得去做個菜療飢止癢。冰箱正好有一袋小薯仔，拎出來，開火煮水，刷皮切蔥，做起書裡的「寧波式蔥燒洋芋」。

　　小薯煮軟了，壓扁煎黃，下鹽粒蔥花即成，這是莊祖宜發揮田野精神，跟上海家務阿姨學來的寧波菜，食材平凡無奇，做法簡單到暈，想不到卻粉潤玲瓏，甘香甜糯，可以這麼好吃。這酥暖窩心的宵夜，讓我精神抖擻，振奮煥發，恨不得通宵練武，再去做刈包、菜飯、溏心蛋、肉桂捲，一一操作演練，琢磨書裡說的撇步竅門。好文章就有這魔力，能挑動神經，激發熱情，有如火花閃燃油田，嘩剝流竄，奔放不可收拾（所以睡前千萬別讀這書啊）。

　　二〇〇九年，莊祖宜集結部落格文章，出了第一本書《廚房裡的人類學家》，寫自己投筆從刀，從象牙塔變節叛逃，放棄博士改做廚師的經歷。她初試啼聲，就一鳴驚人，風靡飲食界和文化圈，眾人紛紛聞香而來，興味盎然，圍在她的鍋旁砧邊。大家都拭目翹首，半自傳的可口故事講完了，接下來，這個身手不凡的新人，還能使出什麼招式？

　　時間滋養了文體，見證了實力。三年後，莊祖宜寫了第二本書；再三年，又一本，而且做了媽媽，生了兩個兒子，

從香港搬到上海，又從上海搬到華府再搬到雅加達，隨著生活體驗和生命經歷，她技藝精進，眼界增廣，書寫的功夫火候，更上層樓。

部落格轉為視頻和臉書，她的人氣更旺，原本聞香而來，只是湊熱鬧的粉絲，受她啟發濡染，被她拐到市場，哄進廚房，動口又動手，漸成知味懂行的吃貨。在現實世界或網路討論上，我不時見到她的身影，「今晚烤了莊祖宜的鑲蘑菇」、「莊祖宜說要用中火」、「可是莊祖宜的做法不是這樣」……，數年之間，她的影響和魅力，已由兩岸擴及各地華人圈，隱然成為新一代女灶神。

是個人就要吃，能吃就能談，飲食天地宅院深廣，卻敞闊無門檻，阿貓阿狗，誰都能跨進來說它幾嘴，但要跳脫浮詞泛論，直奔堂奧，抓出門道重點，真是戛戛其難，我自己就常吃這苦頭，所以讀祖宜的書，不勝欣羨讚嘆。她的文字像本人，爽朗明亮，筆尖帶光，掃過去眉目暸然，條理明晰，到位又有味，有見解，有理據，還帶小風趣；而最重要的是有料，讓人不僅讀來愉悅，還能增強內功，可謂飲食書寫的夢幻體。

關於廚藝，有諸多秘聞傳奇，什麼獨門配方、神奇醬汁、不敗滷料、阿嬤姨婆傳下來的私房食譜，實則說穿了，絕活祕方不過是深諳食材特性，熟識基本功，久經操練，自能抓到關鍵竅門。可是一般中文食譜，不知是粗疏馬虎呢，還是「坎步」藏私（甚至是懵然無知），對這些關鍵知識和技法，通常視而不見，三言兩語輕輕放過，極少劃重點提示說明，遑論詳細解釋。我偶而在書店翻閱，常替讀的人捏一把汗，新手如果傻傻照做，肯定要砸鍋失手。

英諺有言，「魔鬼就在細節裡」（The devil is in the details），祖宜的這本深入要害，拆解基本功，一一揪出暗處匿藏的魔鬼，拳拳到肉，迎頭痛擊，帶出「技術上很關鍵，但一般食譜頂多隨筆帶過的小細節」，並且進一步

闡釋原理因由，讓人不僅知其然，且知其所以然，日後才能觸類旁通，舉一反三。

單面煎出酥嫩魚排，五分鐘做出鬆軟麵包；乾濕鹽漬，可防肉類柴硬乾澀；冰火交加，能使四季豆又青又脆；炒糖色，果然能增添紅燒肉的色澤口感；喔還有，昂貴美味的肝醬，原來可以在家自製（這個我當然也試了）……祖宜一招招娓娓道來，那姿態不是「我比你行」的教菜，比較像和朋友聊天分享。看她以身試法，親自印證，上拋下扯練習甩鍋子，用不同的火候和時間煮溏心蛋，不厭其煩（以及繁），炮製「搞剛」至極的紅樓夢茄鯗，除了技藝知識，也有親切的喜感，她讓我們看到，做菜可以是有趣的修煉。

我一直在講做菜，但這本書不只食譜很強，報導和評論也非常出色。祖宜棄文就武，說是變節，其實是跨界，半路出家，反而成為她最厲害的強項，身為「無間道」，她既是懂行的土著報導人，也是客觀的人類學家，術德兼修，裏應外合，出入不同體系，穿梭多重文化系統，因此能抓到盲點和焦點，採來精彩好料，把內行專業的情狀，轉譯為外行能懂的語言。

灣仔的街市，奧勒岡的路邊餐車，上海的生煎饅頭，東港的黑鮪魚，她帶領我們去看各種食物風景，指點其中的意義與文化。紐約的刈包風雲，美國南方的新派中菜，分子料理的概念和影響……對餐飲界的現象潮流，她有敏銳宏觀的觸覺，常能站在浪尖前線，發人未發，提出中肯的見解。

長春藤的知性訓練，融合廚房的叢林法則，看她跟名廚切磋論劍，高手過招，更是過癮。台中的「鹽之華」，香港的「桃花源」，後來開了「風流小館」的 Dana，「分子廚藝」的理論大師艾維提斯（Hervé This），西班牙廚神阿德利亞（Ferran Adria）。祖宜的第一手報導，生動又

有深度，內行人得窺門道，外行人看著，也覺鮮辣熱鬧。

　　她客氣，說自己只是「專業廚界和社會大眾的中介橋樑」，但這可不只掮客經紀，要洞察社會意義，摸出文化脈絡，此書有田野誌的意味，涉及人類學大師吉爾茲（Clifford Geertz）提出的「深度描述」（thick description）與「當地知識」（local knowledge）。祖宜雖然讀番書，學西廚，長居海外，卻不挾洋自重，唯西是瞻，反而經常從近取譬，在自身文化汲取靈感，返觀自照，融會貫通，很有獨到觀點。你看，她比較紐約的「pork-belly bun」和台式刈包，又和 Dana 琢磨研究，想著把蚵仔麵線做成西式前菜，妙想聯翩。書中有幾篇，講台灣味特色、台菜競爭力，還有中菜國際化的問題，在大家紛紛自問「台菜是什麼」的此刻，尤其發人深思。

　　飲食文類汗牛充棟，社交和各式媒體上，更滿布粥點麵飯，彈牙之聲不絕於耳。眾口爍金，菜香瀰漫，然而品味之道，卻更皮毛瑣碎，草率粗野，說來說去就是「好不好吃」，「CP值高不高」。另一方面，在流行文化中，廚藝又漸成表演和奇觀（spectacles），耍寶炫技，言不及義，令人不是輕忽，就是望而生畏，難以領會認同，也無法學得技巧，烹飪被瑣碎化和娛樂化，和一般人的距離愈來愈遠。

　　此書撥開油煙迷霧，以清淺曉暢之筆，寫深湛龐雜之藝。烹食是人類的古老本能，正如書名所說，大家都想做菜，只是不知如何下手。在這經濟總是不景氣，食物經常出問題的年代，廚藝其實已超越個人家事，成為深具意義的社會行動。自己下廚做菜，可以吃得更對味，更健康，更經濟，更愉悅，認識食材和烹理，會更了解時令和風土，耳目觸嗅的感官也更靈敏，廚藝非但是生活技能，更是身心的自救與療癒，人人皆可自求多福，締造家常真味。

　　很高興知道，這本書因為深受歡迎，問世五年後，又

要推出新版。透過祖宜的魅力，應該能激起更多人捲起袖子，像我一樣心動手癢，下廚動手做菜，改善自身與環境的關係。

最後要申報利益，我很幸運，吃過幾次祖宜的菜。在香港，她烤的「嘉美雞」酥黃香嫩，檸檬塔酸甘動人，她自己去骨的小羊腿，更是鮮甜柔腴，改變了我對羊肉的偏見。在上海，她做了南瓜小麵團（gnocchi），又用雲南帶回的牛肝菌做雞肉捲，配上浦東來的有機生菜，金澄紅綠，芳美可口，令我至今難忘。祖宜做菜俐落，穿花拂柳順手拈來，有西廚的細密嚴謹，又有中廚的揮灑隨心，她的菜就像她的文章，熱度洋溢，滋味鮮明，濃郁又清爽，靈巧又奔放。

不過，我冒著揩油的風險，為此書推薦作序，絕不是吃人嘴軟，而是「吃好逗相報」，祖宜的文字，讓我這老廚娘也受益匪淺，既然知道有多好，當然要舉手見證，大聲疾呼，叫大家都來讀啊。

蔡珠兒，台灣南投人，天秤座，台大中文系畢業，英國伯明罕大學文化研究所肄業，曾任編輯及記者，在倫敦和香港長居多年後，返鄉搬回台北，繼續種菜買菜煮菜。著有《南方絳雪》、《雲吞城市》、《紅燜廚娘》、《饕餮書》、《種地書》等散文集，作品散見各地華文報章，曾獲吳魯芹散文獎，中國時報「開卷」及聯合報「讀書人」好書獎。

CONTENTS

Chapter 01

在專業廚房，
料理革命正在發生

Chapter 02

關於飲食，
有太多事值得思考

Chapter 03

異地風土
和餐桌上的日常

Chapter 04

掌握關鍵，
做菜真的不難

新版序

　　這本書集結了我於二〇〇八至二〇一一年間，旅居香港和上海時記錄下的文字，現在回頭閱讀，除了有些當時提到的餐廳與人事稍有變動，文中討論的觀點都仍適切也不失新意，一方面反應目前越來越多人關心飲食風尚與倫理的全球趨勢，一方面見證了我個人從專業廚藝世界回歸家庭並急於推廣「做菜」這件事的歷程。

　　無巧不巧的是，我最敬佩的幾位飲食作家在過去幾年間都不約而同地將寫作重心轉移為推廣全民做菜。麥克・波倫（Michael Pollan）繼《雜食者的兩難》（*The Omnivore's Dilemma*）一鉅著分析飲食工業化的惡果之後，於二〇一四年出版《烹》（*Cooked*），回歸最基本的火候掌控，談燒烤、烹煮、烘焙和發酵之技巧精髓，呼籲大家透過烹飪尋回自身和自然、歷史與大環境的密切連結。《紐約時報》的專欄作家馬克・比特曼（Mark Bittman）繼數本大部頭食譜經典如 *How to Cook Everything* 和 *How to Bake Everything* 之後，於二〇一一年出版了一本小冊子叫做 *Cooking Solves Everything*（烹飪能解決一切的問題），高聲疾呼說所有關於食品安全、個人健康、家庭開銷和環境資源的問題都可以透過自己買菜做菜而得到改善。再看看我一直欣賞的英國電視名廚傑米・奧利佛（Jamie Oliver），近年來他把個人明星魅力幾乎全副運用到提升全民做菜能力與校園飲食品質這件事上頭。

　　顯然無論海內外，人們對美食的關注已提升到了超越純感官享樂的地步。我們不僅要吃得美味，還要吃得健康

並不破壞環境。我們不只渴望嚐鮮，還想知道食材背後的風土人情，特色菜式背後的創意手法及理念。而最終看多了吃多了，我相信很多人心底都曾感受過一股衝動想自己做做看，畢竟所謂「吃貨」如果只會吃不會做是站不住腳的。

　　我算是個唯物論者，對我而言，飲食書寫縱然牽扯人文歷史和情感抒發，有意義的文字最終必須建立在具體的食材以及將食材轉換為食物的經驗之上，否則講來講去都脫不了「鮮美」、「口感好」、「兒時的味道」、「有幸福的感覺」之類的虛無空話。在這本書裡，我企圖用最直觀的文字傳達對飲食各個面向的一些思考和體會，希望能換得些許共鳴並激發大家心底深處那股想做菜的欲望。

　　這個版本另外收錄了幾篇同時期思路相近的舊作，包括〈豌豆、蠶豆、毛豆〉、〈一樣茄養百種人〉、〈舌尖的台灣味〉、〈中菜的國際新時代〉、〈烹飪實踐與飲食書寫〉、〈張媽媽的炒牛肉〉、〈在紐西蘭，我與羊為伍〉和〈我曾經在那些美麗的地方有個家〉。新版的文章排序更為流暢，必要處也做了修改和添加，希望大家喜歡。

莊祖宜
2017 於雅加達

其實
大家都想做菜

　　我有個美麗又能幹的朋友在銀行工作，獨居銅鑼灣摩登小套房，日復一日三餐外食，據說公寓的冰箱裡只有面膜和化妝水，微波爐裡塞了高跟鞋。有一回她心血來潮說想學做菜，拉著我陪她去買鍋子，到了店裡人家問她爐台是瓦斯的還是電磁的，她怔了半晌，怎麼也想不起家裡到底有沒有爐台，最後只好作罷。

　　可嘆的是，這年頭像我朋友這樣從來沒做過菜的人比比皆是，甚至可能占了人口的多數。不做菜的原因很多，首先是小時候為了專心讀書寫功課，很少進廚房幫媽媽的忙；長大後即便搬出去住，租用的公寓裡往往沒有廚房，或是房東不准開伙；成家後又因為諸事繁忙，而且外食方便，沒有理由老大年紀學習庖廚。就這樣，原本人類賴以生存的基本技能變成高度分工下的一門專業：廚師們精益求精、花樣百出，一般人則對烹飪一竅不通，就像開燈不用思考電從哪裡來一樣，只管吃就好。

　　不過我一直相信其實大家內心深處是很想做菜的，要不然為什麼火鍋店和燒烤店的生意總是特別好？從經營者的角度看來，開火鍋店和燒烤店是入行門檻最低的，除了基本的備菜和洗碗，其他一切都是外場的管理，成本大幅減少。而只要打著「特色湯頭」、「雪花和牛」，或是「×99吃到飽」的招牌，幾乎每一家都坐得滿滿的。大家口口聲聲說自己懶得做菜，不會做菜，卻為什麼那麼喜歡出門烤肉和燙青菜給自己吃呢？

　　我想那大概是一股無法克制的本能欲望吧！哈佛大學

人類學教授理察・藍翰（Richard Wrangham）在他的大作 *Catching Fire* 中有本有據的說：「烹飪是我們之所以為人的原因（Cooking is what made us human）。」他從演化的觀點分析，人類於一百八十萬年前就開始用火，把生食煮為熟食，從此不但開闢了許多以前無法消化但非常營養的新食材，也大幅減低了消化器官所需耗費的力氣，多餘的營養和精力讓我們的祖先得以發展更健全的大腦，進一步建立社會與文化。也就是說，我們之所以有別於禽獸，都要感謝烹飪。

那麼，火鍋店和燒烤店大概就算是「衣冠禽獸」去拾回「人性」的地方吧！話說回來，其實只要懂得吃火鍋和燒烤，我認為做菜已經會一大半了。做菜的基礎不外乎三方面：火候，調味，食材的選擇與搭配。所謂「火候」就是溫度的高低和烹調時間的長短。常吃火鍋的人都知道，白菜和芋頭要及早下，越煮越軟爛可口，而肉片只要涮一下，斷生即可。這似乎是不假思索就懂的道理。

再說調味，許多人下廚不能沒有食譜，撒起鹽、糖、醬、醋戰戰兢兢，（究竟是「一湯匙」還是「一茶匙」？「少許」又是多少？）然而進了火鍋店，調料五花八門：蔥、薑、蒜、沙茶、芝麻醬、腐乳、辣油……任君選擇，每個人卻似乎都很清楚自己喜歡什麼。同樣的，喝咖啡和奶茶時，可曾看過有人怕兮兮不知該加多少糖的？不夠甜就再加一點，太甜了大不了咬牙喝下去，總之試過幾次必能掌握自己的口味。做菜也一樣，調料的搭配和使用多寡，最終取決於個人口舌，熟能生巧。

而即便一開始做得不盡如人意又怎樣？學做菜的一大好處是永遠不缺志願白老鼠。這個世界上很少有人會拒絕吃免費的東西，尤其如果這還是幫朋友一個忙。再說現今不會做菜的人遠遠超過會做菜的，所以只要願意下廚就已經走在人群的尖端了。以業餘嗜好來說，做菜的門檻不高，

自我實現的空間無限！

　　廚藝學校的訓練讓我相信，做菜最重要的是基本功——只要原則掌握好，材料和程序不打馬虎眼，最陽春的菜色也可以很吸引人。而倘若該脆的不脆，該濃的不濃，該燙口的卻涼了大半，再有創意的調料和擺盤也只是噱頭，再新鮮高檔的食材也只是暴殄天物。為此，我平日做菜及寫菜都特別著重那些技術上很關鍵，但一般食譜頂多隨筆帶過的小細節，務求知其然也知其所以然。

　　而一旦掌握了基本功，下廚的更大樂趣在於精益求精與繼往開來：已經會做的菜要如何做得更熟練、更精巧、更美觀？已經十拿九穩的技術要如何應用於不熟悉的食材與菜色？大凡做菜的原理是四海相通的，唯食材原料有地域的差別，搭配方式也因文化而異。比如說同樣是吃飯，除了白飯和炒飯，還可以做義式燉飯、西班牙海鮮飯、台式油飯、海南雞飯、印尼式椰汁薑黃飯、上海菜飯、港式煲仔飯等等，變化不勝枚舉，技巧上卻常見異曲同工之妙。遊藝其間，讓人一方面讚嘆飲食文化寬廣的可能性，一方面體認那萬千變化下，放諸四海皆準的共通人性！

　　或許正因如此，每次有人問我：「你最拿手做什麼菜啊？」我總支支吾吾答不出來。從大學畢業至今，我依序住過台北、紐約、西雅圖、波士頓、香港、上海，在每個落腳處總不免接觸當地特有的口味（大都會地區的口味又特別多元），買菜也不得不就地取材，所以自然而然的養成了什麼都吃、什麼都做做看的習慣。如今我愛吃飯卻也不能沒有馬鈴薯、義大利麵和脆皮的歐式麵包，冰箱裡醬菜和乳酪的種類不相上下，橄欖油、花生油和麻油的用量也難分軒輊。平日做菜我大抵以食材取向——菜市場裡什麼漂亮、什麼便宜就買什麼，三不五時再買點不熟悉的食材回家做實驗，遇到疑難雜症就上網搜尋一番，力求活到老學到老。如此多年雜食下來，隱約已培養出一套個人的料

理風格，並連帶的養出了一個不挑食的兒子，可喜可賀！

　　這本書裡集結了我過去三年間，對於買菜、做菜和吃飯的一些生活紀錄。這期間我從香港搬到上海，歷經懷孕生子學做媽媽，從一個偶爾寫寫文章的專業廚師變成一個天天在家做菜的「飲食工作者」（這比「全職媽媽」好聽一點）。我自知文章寫得比我好的人很多，但他們大多不像我花這麼多時間在做菜；菜做得比我好的廚師也大有人在，但他們大多沒有時間寫文章。兩者相權之下，我自許能做個位於廚藝專業人士與一般社會大眾之間的中介橋樑，把廚師們的想法和技術，乃至國際餐飲界的一些爭議和共識，用最生活化的語言表達出來。畢竟做菜最極致的快樂在於分享——既然我無法做菜給更多的人吃，就用文字分享快樂吧！

//

Chapter 01

在專業廚房，
料理革命正在發生

如果烹飪是一種語言，那麼每一種特定的食材組合和技術
環節就是基本語彙，進而可以組織成文句和篇章。

廚房裡的
科學革命

　　記得在美國念廚藝學校的第一個學期，有一回大廚示範煎牛排，在翻面的當下指著焦香的牛排表層說：「煎肉時務必先用大火把兩面煎黃，這樣才能『鎖住汁水』。」語畢，一旁的年輕助教不知是吃了什麼熊心豹子膽，竟然公然反駁說：「這其實是錯誤的觀念。」

　　大廚不悅的說：「這是常識，埃斯科菲耶[※]也這麼說。」

　　助教正義凜然的抗辯：「但是哈洛德・馬基（Harold McGee）不是這麼說的。」

　　「喔？！」

　　這時人人都看得出大廚的信心忽然矮了一截，也因此很好奇哈洛德・馬基究竟是哪一號人物。身旁的同學奉命從圖書室搬來一本厚重的《食物與廚藝》（*On Food and Cooking*），翻到談肉類煎烤的章節，朗誦告知大家：所謂的「鎖水」理論發源於十九世紀中期，由一位德國化學家提出並廣為流傳，但實驗證明它是錯誤的。肉類受熱褐化是所謂的「梅納反應」（Mailard reaction），因蛋白質結構改變而產生迷人的肉香，但同時水分也會持續的隨溫度上升而由內部蒸發流失，所以掌廚的人必須學習如何在「提昇肉香」與「保持汁水」之間尋求平衡。

　　類似的飲食理論紛爭，我後來在其他課堂上、廚房裡、網站討論區等處見證無數回，（到底是先有雞還是先有蛋？煮豆子的水裡可不可以加鹽？什麼是理想的燉肉溫度？）僵持不下時大家總是問：「哈洛德・馬基怎麼說呢？」

　　自從幾年前買下這本專業廚師人手一冊的經典參考書

後，我幾乎每星期至少翻閱它一回，通常是為了快速尋求某個特定問題的解答，但也經常忍不住一頁接一頁的讀下去，興味盎然。馬基不愧是念英國文學並任教寫作出身的，行文清晰流暢，就連講解複雜的分子結構也不顯得繁瑣艱深。而且這雖然是一本以科學為主的參考工具書，夾敘其間的字源探悉與經典考證也豐富得驚人，信手拈來都是有趣的文史軼事。二○○四年的增訂新版更特別補充了許多有別於西方傳統的烹飪技巧與食材資料，所以舉凡茶葉、豆製品、各國常用香料等等都有非常詳盡的篇幅。有一回我翻查法式清湯（Consommé）的製作原理，在研讀了蛋白與肉糊對湯水中雜質的過濾作用後，忽然想到中式菜系有一道「開水白菜」，據說也是晶瑩剔透的功夫湯，不知是怎麼做的？沒想到馬基接著就在頁底補充說，中式的純淨清湯採用類似的蛋白質過濾原理，只不過中國廚師用的不是雞蛋，而是把燉湯用的雞肉剁成泥再兩度回鍋，吸取湯中雜質。看完此段解說，我對馬基鉅細靡遺的博學精神更是佩服得五體投地。

　　想起剛學做菜的時候，我很依賴食譜，總是規規矩矩的測量兩小匙、一大匙，對於爐火的大小和烹煮的時間也是戰戰兢兢，就像拼裝 Ikea 家具一樣，非得抓著說明書按部就班。幾回演練後我膽子漸漸壯大起來──食譜說用一杯糖，我怕太甜只用半杯；食譜說用中筋麵粉，我心想全麥一定更好；食譜說醃肉半小時，我偏偏醃隔夜想讓它更入味。殊不知糖有吸水的能力，減半使用讓我的蛋糕過乾；全麥粉的筋度較低，代換後麵團發不起來；醃料裡有醋，肉在裡頭浸泡久了變質變色……。我橫衝直撞雖也自得其樂，但不免浪費好料並吞下了許多見不得人的實驗品。

　　這也就是科學知識對廚藝提升的重要所在。知其所以然，掌廚的人不需再盲目遵從食譜的指示，而可以主動控制溫度火候或調整食材配方，難免出錯時也能思考如何修

正改進。更進一步說，科學知識讓烹飪得以跳脫傳統的框架，提供廚師求新求變的力量。也因此，近年來隨著馬基著作的廣泛發行與其他學者的跟進，以實驗精神掛帥的「分子美食」得以大行其道——精英大廚紛紛投身創作，運用液化氮或真空恆溫烹調等非傳統的技術來改變食物的質性，創造前所未有的感官經驗。

對一般大眾來說，分子美食或許有點虛無縹緲也遙不可及，但其實說穿了，烹飪本來就是一連串物理化學的變化過程——煎煮、冷凍、打泡、發酵等等都是質性的改變，在沒看過的人眼裡就像變魔術一樣。

長久以來，烹飪技術的發展仰賴經驗的傳承累積。如果遵照一個程序通常可以做出好菜，那麼就不求甚解的代代相傳下去，偶然出了狀況只能怪自己倒楣或是風水不好。於是乎我聽人說，發麵的時候不能講「不知道發不發得起來」這種風涼話（呸呸呸），還有像《巧克力情人》這部飲食文學名著裡說的，豆子煮不爛表示家裡有人失和，所以煮豆子時最好唱唱歌討豆子開心。樂觀的心智和灶台前的歌聲就像祈福咒語一樣，心誠則靈。

不久前，馬基在《紐約時報》上專文挑戰義大利媽媽們世代堅守的煮麵原則，以理論和實驗證明，煮好吃不軟爛的義大利麵並不一定要用「非常大量的滾水」，因為麵條在低於沸騰的水溫下吸水量非常細微，所以即使用少量的冷水開始煮麵也不至於影響麵條的質地，而且溶入水裡的麵粉並不會讓麵條變得比較糊爛。最後說穿了，用一大鍋水煮麵唯一的優勢就是不需要一直攪拌。義大利媽媽們說這是離經叛道，馬基說這是節約能源。

傳統古方是前人經驗與智慧的累積，提供我們寶貴的參考原則，遵循時更有一種美好的歷史延續感。然而傳承歸傳承，如果盲目照著做則是墨守成規、故步自封。這波廚房裡正在進行的科學革命，為我們解釋鍋子裡和麵團內

究竟發生了什麼事情。因為了解，下廚之人得以修正錯誤，不靠運氣也能發好麵、做好菜，甚至舉一反三，脫離既有食譜與經典菜式進行改革創新。所謂分子廚藝，應用在日常生活中，如此而已。

※ 埃斯科菲耶（Auguste Escoffier, 1846-1935）奠定了法式廚藝的理論與實務基礎，並開創專業廚房的編制，可謂西方近代的廚藝之父。

刈包風雲

　　好幾年前就聽說，紐約有個叫 David Chang 的傢伙（以下簡稱 DC）發明了一種好吃無比的五花肉包（pork-belly bun），說是肉香濃，包柔滑，而且前所未見，吃了必上癮。類似的讚嘆我聽了很多回，一日終於忍不住上網查個究竟，結果看了照片大吃一驚——這⋯⋯不就是夜市裡我從小吃到大的刈包嗎？怎麼會變成這個韓裔美國廚師的拿手創作呢？

　　接下來幾年，眼看 DC 踏著刈包平步青雲，先是獲選 *Food and Wine* 雜誌二〇〇六年全美十大主廚，次年又被 James Beard Award 選為年度廚界新星以及紐約市最佳大廚；二〇〇八年他的第二家餐廳 Ssäm's Bar 獲選為紐約最佳新餐廳，他的第三家餐廳 Ko 摘下米其林評鑑的兩顆星星。最近他的第一本食譜 *Momofuku*（也就是他第一家餐廳的名字，意思是「桃福」）在萬眾矚目下登場，我雖然對他的刈包仍有點不爽，還是忍不住好奇訂購了一本，上週末剛收到。

　　整本食譜一字不漏的看完後〔文字部分是《紐約時報》的記者彼得・米漢（Peter Meehan）捉刀寫的，很流暢也有故事性〕，我只能說，DC 實在有他的獨到之處。倒不是他做菜的功力有多麼高強（他自己也說，紐約比他厲害的廚師太多了），而是他有一股初生之犢不怕虎的渾勁，敢不按牌理出牌。他因為愛吃麵而夢想開一家拉麵店。一開始不會做菜，先跑去紐約市的「法式廚藝學院」（French Culinary Institute）上了半年的專業課程，接著先後在名

氣響亮的 Craft 與 Café Boulud 兩家法式餐廳做學徒，中間也去東京學做了幾個月的拉麵和蕎麥麵。然後，就當他的同事們繼續在法式廚藝編制裡規矩的往上爬時，DC 決定他要開店了。他跟家裡借了一點錢，請了一個幫手，租了一個超小店面，總共一個吧台、幾張高腳凳，Momofuku 就這樣開張。

Momofuku 的特別之處在於它難以歸類。說它賣拉麵又不像正宗拉麵店，沒有多種湯頭的選擇，也沒有平日必見的煎餃，倒是多了蔥薑撈麵、烤年糕、雞腿飯、蝦仁玉米粥和「刈包」等等雜七雜八的食物，似乎是老闆愛吃什麼就賣什麼。但別看這些菜聽起來很普通，它們的用料和做法又偏偏很講究──豬肉是知名農場 Neiman Ranch 的有機田園豬，拉麵裡的雞蛋是長時烹煮的 65℃ 溫泉蛋，雞腿和雞翅都是煙燻過又低溫油漬（confit）再煎至酥脆的。他後來開的兩家小店有越來越高檔的趨勢，但菜色用料也是一樣高低混雜，定位不明，一會兒是炸豬皮，一會兒是生蠔配韓國泡菜汁，有時又規規矩矩的來個生菜包烤肉之類的正宗韓式口味。

其實說穿了，我覺得整本食譜呈現的是一個 ABK（American-born Korean）的味覺身分認同：以韓國家常菜為基準，一點唐人街印象，一點日本風，再以美式大熔爐的姿態配上些許法式手法。最終成品比一般西方人做出來的 fusion 再貼近亞洲傳統一點，但又不全然正宗，也因此不顯得太奇怪太遙遠，正中紐約食客下懷，在平價道地小吃與高檔西式餐廳的楚河漢界間殺出一個奇妙的平衡點。

再回來說刈包吧，食譜裡花了很大的篇幅談這個為 DC 奠定江山的明星大作。至於他是如何「發明」這道菜的，DC 說他是受到中式肉包的啟發。他曾在北京待過一小段日子，當時每天早中晚都在路邊買「叉燒包」（char siu bao）打牙祭（至於為什麼北京的街頭會有那麼多廣式叉燒包，我百思不解），從此愛上了包子皮與烤豬肉的組合。後來他在曼哈頓的唐人街發現了一家名為「東方花園」（Oriental Garden）的中餐廳，愛上了他們的「北京烤鴨」，而據說那裡包烤鴨的餅就是我們常見的開口笑刈包形狀（DC 解釋說正宗包烤鴨的餅皮應該是蔥油餅，很顯然他在北京沒有吃過烤鴨，不知荷葉餅為何物）。他苦苦哀求老闆教他做這種潔白的開口包，最後老闆終於心軟，介紹他去巷子裡找專做包子饅頭與點心批發的「美美食品行」（May May Foods），他這才恍然大悟：原來白嫩嫩的刈包就是「蒸」的麵包（我也才恍然大悟，原來還有人不知道麵團可以用蒸的）！

DC 進而解釋說，Momofuku 的 pork-belly bun 是叉燒包和北京烤鴨結合的產物。他在刈包裡抹上甜麵醬，夾上整塊燒烤再切片的五花肉，再加上蔥花與醋漬小黃瓜，基本上就是烤鴨換成烤豬的吃法。他說最初沒有人覺得這樣可行，更不相信有誰會願意吃「五花肉三明治」，沒想到開賣後紐約客竟趨之若鶩，一份兩個賣九塊美金，一天可以賣五百個，連帶引發五花肉風潮，全城時髦男女一聽到 pork belly 就滿臉迷醉，許多高級餐廳都開始賣起這塊肥咚咚的肚皮肉作為招牌主菜。

看了他的敘述，我只能說：「時勢造英雄啊！」據我所知，紐約的台灣移民集散地「法拉盛」（Flushing）也買得到正宗刈包，只不過閉眼睛想也知道，那些店家以鄉親們為主顧客，力求物美價廉之餘通常不講究裝潢。菜單以中文為主，英文就算沒太大錯誤也是極為簡略（e.g. Taiwanese meat bun, Taiwanese omelette, bubble tea……），很難望文生義，更不太可能吸引沒吃過刈包的西方人自己上門點一個來試。結果大好商機與榮耀就這樣拱手讓給誤打誤撞、分不清包子和饅頭的 David Chang，

唉⋯⋯

　　如果有人好奇 DC 版的刈包是什麼味道，不妨上網參考完整食譜。我本來也想照著 DC 的做法試試看，打算吃過了再批評，於是興沖沖的去菜市場買了一斤香港人最稱道的「健味豬」。回到家盯著那條肥瘦均勻的五花肉，忽然很捨不得把它送入烤箱，心想還是滴著五香醬汁的紅燒焢肉比較好啊！於是我把五花肉川燙切片，用小火慢煎撇油至金黃，然後用西螺帶回來的上好黑豆醬油，配上冰糖、紹酒、蔥、薑、蒜、桂皮、八角、花椒、茴香與丁香慢燉至酥爛。燉肉和發麵團的同時，又趕快跑出門買酸菜、花生和香菜；回家烤花生磨粉，酸菜泡水去鹽再切丁炒辣椒，外加擀麵蒸麵，忙了大半天，深深體恤小吃店家的辛苦。

　　晚餐時間和老公一起組合刈包時，成就感非凡。大口咬下，軟包裡爽脆的酸菜丁托出紅燒肉的醬香，摻了砂糖的花生粉與香菜讓口味更跳脫，每一口都是甜膩、酸辣、冷熱、脆軟的對比，完全印證當代大廚們津津樂道的「層次感」。我連續吃了三個自己做的「正宗」台式刈包，心裡終於得以釋懷，也確切相信 David Chang 之前真的沒有吃過刈包，因為他如果吃過的話，不可能不照著做。正宗的刈包實在是，完美啊！

菜的著作權

　　一道菜的做法有沒有所謂的「著作權」？嗯⋯⋯如果我們談的是經典菜式如麻婆豆腐和東坡肉，應該沒有人會擔心侵犯到陳麻婆或蘇東坡的「智慧財產」，更別說那些數不清的傳統家常菜。不過當代廚藝大師的創意菜式就不同了，這類精緻的料理無論在技巧、口味與布局上都講究個人風格，以至於關注廚界動態的明眼人一看就知道哪道菜出自哪個人或流派（就像武功和書畫一樣）。尚無能力開發自家菜式但又志向遠大的廚師們通常從參考大師的作品著手，最終成品究竟是虛心的臨摹還是無恥的剽竊，往往就在一線之間。

　　幾年前在澳洲就發生了一場震驚國際廚界的抄襲事件。當時年輕的廚師羅賓・威肯斯（Robin Wickens）忽然以黑馬之姿現身墨爾本，打著「分子料理」的旗幟在自家餐廳玩起當地前所未見的手法，每晚端出新穎炫目的菜式，廣獲媒體讚揚。威肯斯的名聲漸傳漸遠，終於有人發現他餐廳網站上刊登的食物照片⋯⋯「咦！怎麼跟芝加哥名廚格蘭特・阿卡茲（Grant Achatz）和紐約名廚威利・杜凡尼（Wylie Dufresne）的作品一模一樣？」打抱不平的好事者馬上把威肯斯的仿作和名廚原版照並排刊登於專業廚藝人士的網上社群「eGullet」，唾棄聲頓時四起，大家也發現原來威肯斯不久前才在阿卡茲的餐廳裡做過一個星期的無償實習（也就是所謂的「Stage」，要用法語發音「思塔日」）。

　　抨擊聲浪同時引發了一番深思與辯論。有人說廚藝的

發展本是一種演化過程，互相仿效無可避免，甚至是進步的原動力，而廚界通用的 Stage 制度正是鼓勵這種資源開放和教學相長的風氣，所以無須太過苛責威肯斯的作為。不過更多的人認為，仿效和引用固然是良性的學習方式，一聲不吭的全盤移植就像寫作時逐字逐句複製他人卻不打引號也不標明出處一樣，屬於剽竊行為。

　　有人提到在一九八〇年代初，日本的西廚界也曾大幅複製法國新派料理（Nouvelle Cuisine）的當紅菜式，引起法國廚界強烈不滿。當時兩位在馬德里甫開餐廳的西班牙廚師史蒂芬・古林（Stephane Guerin）與阿圖羅・帕多斯（Arturo Pardos）有鑑於此，決定記錄他們烹飪的靈感來源，並將每道非原創菜色之總售量 1.25% 的盈餘逐月寄給八位對他們影響深遠的法國名廚（包括 Bocuse、Guerard 與 Troisgros 等人[※]），以示敬意。接下來幾個月，他們陸續接到每位大廚的回函，信中紛紛表示很榮幸成為被學習的對象，也感謝對方的誠意，同時退還支票，甚至邀請這兩位西班牙廚師到法國作客。由此可見廚藝的仿效本身無罪，誠意和企圖才是廚師們在乎的重點。

　　抄襲事件的「受害者」阿卡茲事後表示他已收到威肯斯的道歉信，不打算追究。他認為「烹飪的技術」應是開放的，也因此他下班後常在 eGullet 網站上搜尋資訊並分享最新研發的手法和心得，但「菜色的創作」不一樣，那是個人風格的呈現，因此具有不成文的著作權。比方說他本人曾在名廚湯瑪斯・凱勒（Thomas Keller）的門下做了多年的副手，對後者的菜系瞭若指掌，「但我會在自己的餐廳裡賣凱勒著名的『蠔與珍珠』（Oysters and Pearls）嗎？當然不。那沒有意思嘛！」這其中牽涉的不是法律規範，純粹是廚師的自尊自重。

　　也有人跳進來說，別吵了，大家申請食譜專利不就好了嗎？這種說法很快就受到各方駁斥，首先因為執行不易，

每個國家的專利權只能在該國境內發揮保護作用，而且控告侵權昂貴又麻煩，一般廚師不可能有閒暇餘力付諸行動。但更重要的是，廚師們普遍認為知識是公家的，如果廚藝的資訊和手法到處受版權限制，整個行業都會因此綁手綁腳，停滯不前。

　　說來廚師們習慣的學習環境有點像電腦世界裡 Linux 這樣的 open source 開源系統，人人得以免費下載，並在使用的過程中予以修正改進，方便自己也造福大家。沒看到西班牙的分子美食大師—— EL Bulli 餐廳的主廚費蘭·阿德利亞（Ferran Adria）每年出版一本食譜，把自己團隊辛苦研發的技術和菜式開誠布公的分享給大家嗎？這種做法在唯利是圖的商場上可能顯得很奇怪，但對於技術與風格同時並進的精英廚師們來說，卻是業界奉行的準則。在我看來，一場智慧財產的剽竊鬧劇不但沒有傷了廚界的尊嚴，反而凸顯了這個行業最值得引以為傲的開放精神和榮譽感呢！

※ Paul Bocuse、Michel Guérad、Pierre Troisgros 都是 1960 年代法國新派料理（Nouvelle Cuisisne）的代表性人物。

Julie and Julia：
電　影，書，人

　　梅莉・史翠普（Meryl Streep）素來以模仿各色口音叱
吒影壇，無論是波蘭腔、丹麥腔，還是美國的南腔北調都
難不倒她。對於她這項特殊技藝，我以前並不太注意，總
覺得「演員嘛，這是應該的」，不過這回看她在電影《美
味關係》當中演茱莉雅・柴爾德（Julia Child）真的把我嚇
到了，從她扭著茱莉雅級的女巨人身形發出第一個聲響開
始，我就笑得眼淚鼻涕直流，實在太傳神了！不熟悉茱莉
雅・柴爾德的人可能會覺得梅莉・史翠普有點誇張，但其
實茱莉雅在她著名的「French Chef」烹飪節目裡講話就是
這樣巨聲隆隆，好像嘴巴裡含了一顆蛋，渾濁中帶有獨特
的頭腔共鳴，又時常因為講解烹飪的細部原則而興奮得忘
記呼吸，中途緊急換氣擦汗，再抓起超大的菜刀或榔頭、
鉗子整治手裡的家禽家畜……，比電影裡的逗趣模樣有過
之而無不及。

　　在廚藝學校進修那年，老公送給我茱莉雅於一九六〇、
七〇年代錄製的全套烹飪教學 DVD 作為生日禮物，我們
飯後沒事常擠在沙發上看個一兩集，非常寓教於樂。我對
於茱莉雅源源不絕的精力與專業知識嘆為觀止，Jim 則是把
她的節目當成搞笑短劇來觀賞，特別期待那些因為單機作
業一拍到底的成本限制下，層出不窮的 NG 狀況。厲害的
是，不管在爐台前出了什麼問題，茱莉雅總有辦法臨機應
變（通常是多加一碗奶油之類的高熱量解救法），最後端
出來的菜，以今日的標準來說，通常不算漂亮，但她排山
倒海的熱情極具感染力，讓人看了躍躍欲試。

美國著名廚具連鎖店 William's Sonoma 的老闆查克‧威廉（Chuck William）曾說，當年他在舊金山慘澹經營第一家小店，隨著茱莉雅那本 *Mastering the Art of French Cooking* 食譜的發行，生意突然好轉；接著茱莉雅開始上電視，每週節目一播完，成批的客人就湧上門，詢問茱莉雅在節目裡用過的鍋具或蛋糕模型，常導致供不應求，可見影響力之大。

我剛到美國留學的時候，很多朋友告訴我：「你那麼喜歡做菜，應該去買茱莉雅‧柴爾德的食譜啊！」那時我只知道茱莉雅‧柴爾德形同美國的傅培梅，很多婦女都是看她的節目學做菜，於是我心想：「幹嘛跟美國的家庭主婦看齊呢？」也因此多年下來我碰都沒碰過她的食譜。一直到二〇〇六年夏天，我遇到人生的低潮，對學術生涯感到疑惑並心生轉行學廚藝的念頭時，才注意到茱莉雅去世後剛出版的口述傳記《我在法國的歲月》（*My Life in France*），從中認識了這位至情至性的傳奇性人物。

原來茱莉雅原本是美國中情局前身 OSS 的秘書（也有人說其實是探員），在斯里蘭卡工作時認識他後來的先生保羅‧柴爾德，兩人還曾一起派駐昆明，因此終身偏好川滇系的中國菜。後來保羅以國務院文化部外交官的身分派駐巴黎，當時三十七歲的茱莉雅隨夫搬往法國，一下船就被法蘭西美食深深震撼，隨即申請進入藍帶廚藝學院（Le Cordon Bleu），從此日以繼夜瘋狂做菜。

茱莉雅熱愛法國，卻最不能忍受法國人皺著鼻子說：「美國人是不可能做地道法國菜的」。為了傳達她的熱情並反駁法國人的優越偏見，她花了接下來十年的光陰完成了美國出版史上的鉅著── *Mastering the Art of French Cooking*，逾七百頁的每一則食譜都經過千錘百鍊，解釋鉅細靡遺，讓美國戰後一整代只會開罐頭的婦女紛紛學起法國菜。茱莉雅搬回美國之後，在波士頓的公共電視台主

持烹飪節目，以她一百八十多公分的巨人之姿，一口渾濁咕噥如男扮女裝的口音，一股近乎搞笑的瘋狂與真誠風靡全國。

之後我下定決心投身廚藝，有很大的原因是受到了茱莉雅的精神感召。同年九月，我剛進入劍橋廚藝學校，茱莉‧鮑爾（Julie Powell）改編自她同名部落格的新書《美味關係》（Julie & Julia）平裝版發行（美國的新書通常以精裝版高價出售，一年後改為平裝版再做一批宣傳），內容談的是她一年三百六十五天內，炮製茱莉雅整本書五百二十四則食譜的血汗經歷。身為茱莉雅的粉絲與部落格新手，我當然馬上買來拜讀，完全能夠體會茱莉‧鮑爾在灰心喪志時，透過前輩茱莉雅窺見一絲光明的心境。

與電影裡艾咪‧亞當思（Amy Adams）嘟著嘴的可愛形象比起來，書裡的茱莉‧鮑爾比較潑辣，滿口三字經，充滿了大都會裡不得志女青年的叛逆與火爆。感覺上她其實並不特別喜歡做菜，選擇花一年的時間做完茱莉雅整本食譜，純粹是為自己乏味的人生找點刺激與挑戰。整項計畫的預設立場是：這很瘋狂，很荒謬，沒有哪個腦筋正常的現代人會願意花這麼多時間做那些高脂肪、高熱量的傳統法國菜。她每日在部落格上傳達的訊息是：「煩死了、煩死了，怎麼會有這麼複雜難搞的菜啊！」但無論歷經多少滑稽的挫折與失敗，她還是堅持下去，過關斬將，別有一股勵志效果，讓讀者看好戲爆笑之餘，也忍不住為她加油打氣。

說來茱莉與茱莉雅都是狂熱偏執的性情中人，但兩人反映了兩種不同世代的情操。在茱莉雅的黃金年代，大部分的成年女性多少會做一點菜（好不好吃另當別論），外食也沒有那麼普遍，所以她的終極使命不在於勸導大家進廚房，而是鼓勵口味保守的美國人去嘗試豐富多元的法式平民美食。為了減輕一般人對「法國菜」的恐懼，同時抗

衡那種「只有法國人才懂法國菜」的文化民粹主義，她費盡心思解釋食譜的每一個步驟，所有的材料分量都經過百般測試與多方考證，讓即使不熟悉這些料理的讀者也能按部就班的做出道地口味。比較於坊間許多強調速簡的食譜，茱莉雅的著作最可貴之處就在於它完整詳盡、實用可行，字裡行間又散發著詼諧的個人風格與歐陸情調，因此蔚為風潮。

切換到二十一世紀初的紐約，美食百家爭鳴，強調健康低脂的地中海系與亞洲料理成為餐飲大宗。法國菜雖仍享有崇高的地位，但相對之下顯得較為傳統保守，那些充滿牛油和奶醬的菜色更被視為有害健康，不合潮流。再加上這年頭外食興盛，二十幾歲的上班族若在家吃飯，不是叫比薩就是用微波爐熱速食，如果能偶爾下個麵或煎塊牛排就非常了不起了，誰有時間買骨頭熬高湯？茱莉・鮑爾在這樣的大環境底下，每天照著茱莉雅的食譜做道地法國菜，完全是反其道而行，每一則食譜對她來說都是「不可能的任務」，需要無限的鬥志與幽默自嘲才能逐一克服。也難怪九十歲的茱莉雅在讀了茱莉的部落格之後，私下表示她無法認同，讓茱莉・鮑爾難過了好久。但畢竟茱莉雅本人不只把書中每一道菜都反覆做了好幾遍，樂此不疲，還要蒐集資料並一字一句的寫下做法。在她看來，照著現成的食譜做菜應該不太難啊，怎麼會那麼痛苦呢？

話說回來，如果沒有茱莉・鮑爾逆向操作的烹飪計畫作為引頭，大概也不會有人在這個當下出錢拍一部有關茱莉雅・柴爾德生平的電影。這次由諾拉・伊佛朗（Nora Ephron）執導的影片《美味關係》，其實是由《我在法國的歲月》與《美味關係》兩本原著結合改編而成。故事時空交錯，透過部落客茱莉的雙眼看當年的茱莉雅，巴黎顯得更加燦爛輝煌，學做法國菜也忽然變得比較時髦可行，讓 E 世代的觀眾讀者重新體認茱莉雅的魅力，甚至急於下

廚煮一鍋勃艮地紅酒燉牛肉（Boeuf Bourguignon）。電影發行後，最開心的莫過於 Knopf 出版公司——那本當年由他們慧眼簽下的厚重食譜 *Mastering the Art of French*，在初版四十八年後的二〇〇九年夏天，竟然又登上了《紐約時報》非文學類排行榜的第一名呢！

人人都是
美食評論家

在餐廳工作時，主廚偶爾會忽然在喊完客人點的菜名後加一句：「VIP」，這時我們小廚師就知道要挑選最漂亮的蔬菜，最大隻的鮮蝦，油花最均勻的牛排……。同個時間，外場的服務生會端出格外親切的笑臉，甚至可能在經理的指示下奉上一杯免費的香檳。是何方神聖可以獲得如此待遇呢？據我所知他們多半是美食記者或食評家——要不就是在訂位時亮出頭銜，要不就是低調前來評鑑卻被眼尖的領班認了出來，引發全場高度戒備的亢奮狀態。

不過這種行之有年的餐飲傳媒共生制度目前遭受了空前衝擊，主要因為美食部落格與大眾食評網站近幾年大放異彩，幾乎代替了傳統媒體，餐飲業者對這股趨勢似乎防不勝防。為此美國商會於二〇一〇年五月初特別舉辦了一場座談會，探討「飲食部落格與評鑑如何影響香港餐飲」（How food blogs and reviews affect the Hong Kong restaurant business），主講者分別是來自西班牙的大廚威利·莫雷諾（Willy Moreno），香港首屈一指的飲食部落格格主、還曾帶領電視名廚波登（Anthony Bourdain）品嚐香江小吃的「叉燒包」先生，以及 Time Out 雜誌最犀利的飲食版主編 Angie Wong。

Angie 首先說，這個年代做餐飲的遊戲規則不一樣了，任何有 3G 手機的顧客都可以在點菜的同時瀏覽網上評鑑，或是現場查詢某支紅酒的零售價格，更厲害的甚至可以馬上發表食評——照片與心得傳輸和晚餐同步並進。如果分量太小、味道太鹹或服務不佳，食評上傳後千百萬網友都可

以透過搜尋引擎找到這個訊息，即使過幾天傳統媒體大幅報導也不見得能扭轉聲勢。身為美食記者的 Angie 很無奈的說：「唉，畢竟一般讀者是要信那些不付錢的記者還是自掏腰包的匿名顧客呢？」

不過她強調記者也有專業與否的區別。她說很多報章的美食記者薪水低又不能報帳，所以吃飯不付錢是他們唯一的福利，但像她本人所屬的刊物就比較堅守職業道德，評鑑絕不受廣告客戶的左右，記者吃飯也向來匿名付帳〔雖然不至於像前《紐約時報》的美食評論主編，《千面美食家》（Garlic and Sapphires）的作者露絲‧賴舒爾（Ruth Reichl）那樣還變裝戴假髮或杵拐杖〕。

這時話不多的主廚 Willy 開口了，他說：「可惜連你們的記者也不見得多專業。幾個月前你們雜誌對我的餐廳做了一篇很負面的報導，但只要看內容就知道那個記者根本不懂西班牙菜。所以我通常不太在意媒體，還是老顧客的口耳相傳比較重要。」

Angie 立刻反駁說：「我特別派了一個在巴賽隆納住了五年的男生哎！」Willy 翻了翻白眼。

一小番爭吵後，「叉燒包」開口了，他說：「大家也別以為匿名的網友就多麼客觀公正……」說著說著，他透過電腦在大螢幕上連線至「開飯了」（openrice.com）餐飲評鑑網上一家位於灣仔的魚翅海鮮餐廳。「你們看，這家餐廳目前共有三十篇正面的『笑臉』評價，是這個網站三月份的明星好評店家。其實它在三月之前名不見經傳，是因為老闆出錢請了幾桌網上食評家吃飯才爆紅的。」

Angie 補充說：「是啊，其實很多餐廳的行銷與公關人員都會在餐飲評鑑網上灌水，甚至專門去說隔壁餐廳的壞話。不過這方面你們已經很清楚了，因為我看現場大部分的聽眾都是行銷和公關嘛。」我這才了解，身邊那麼多穿深色套裝，挽著俐落包頭的女士們，為什麼會對這個題

目那麼有興趣。

本以為這些行銷、公關人員會有點不好意思，沒想到來自觀眾席的第一個問題就是：「請問叉燒包先生，你認為我們做公關的要如何更有效的影響部落格格主呢？」

叉燒包說：「這個問題別問我，因為從來沒有公關找過我，也沒有餐廳請我吃過免費的飯，所以我無法答覆。」

另一位小姐說：「喔，叉燒包，你希望我們找你嗎？」

他很酷的回答：「不用了，寫部落格是我的興趣，我從不打算走商業路線，而且老實說這種贊助的錢也沒多少，我對自己平日的生活已經很滿意了。」後來我私下得知他是香港政府單位的執法人員，平日在辦公室裡沒有人知道他是網上叱吒風雲的美食家。

身為觀眾席中唯一的「獨立」飲食部落格格主，我完全能體會叉燒包先生的感受。獨立部落客本沒有媒體和企業撐腰，花大把時間經營網頁只是為了興趣或理想，最大的快樂就是能有個地方暢所欲言，最好的回饋就是有人願意來聽我們說話。如果為了占一點小便宜，最後連說話的自由和辛苦建立的信譽都沒了，還有什麼意思呢？

在這個美食記者的專業與公正性備受質疑、評鑑網站也頻遭灌水的時代，獨立評鑑人的影響力愈發受重視，想想我心中竟萌生一股使命感！對於廣大的讀者與食客而言，這種美食評鑑的戰國亂世也未必不是福音，因為這年頭只要在餐廳裡亮出手機或相機，人人都是匿名的食評VIP，小市民的力量可不輸給《蘋果日報》或 Zagat 指南呢！

廚師典範

　　我向來對於那種堅定執著，可以為理想赴湯蹈火，而且鍥而不捨、無怨無悔的癡人特別心儀，就像草葉面向陽光或是飛蛾撲火那樣，總是忍不住被吸引到這種人的身邊，這也就是為什麼那天我見到 Dana 會特別雀躍，而且閒聊一席後精神抖擻，覺得「天下無難事，只怕有心人」的原因。

　　說起來 Dana 還真是台灣奇人。她大學念的是美術系，喜歡油畫，但不確定是否能以此維生。大三的暑假她在師大附近的一家泡沫紅茶店打工，發現自己很喜歡餐飲業，所以畢業後就在咖啡館工作，接著又因緣際會進入一家規模不大的義大利餐廳，從廚房學徒做起，跟著大廚學習做手工麵條、醬料、甜點，也洗了很多碗。幾年下來，為了增進手藝她換了幾家餐廳，開始專攻甜點，朝法國菜的方向前進。

　　二〇〇四年新加坡知名大廚郭文秀（Justin Quek）來到台北，在雙城街的靜巷裡開了一間 La Petite Cuisine，走的是台灣至今仍不常見的精緻法式創意菜。Dana 慕名前去應徵，上工的第一天就感受到空前的挑戰，因為這裡大廚的要求之高，做工之精細遠遠超過她曾經待過的幾家餐廳，據說在一個月內已嚇跑了二十多位廚師，很多人上了一天班就辭職。Dana 韌性堅強，在那裡一熬就是四年，二〇〇八年又跟隨郭主廚轉戰上海，在當時位於新天地的「梧桐」餐廳裡擔任冷台與甜點台的主廚，練就了一身功夫。

　　我和 Dana 是透過部落格認識的，通信已有半年。上

攝影／Dana Yu

星期她休假三天來香港旅遊，主要為了觀摩此地許多水準甚高的法式餐廳。據 Dana 說，她的恩師郭主廚曾告訴她：「要做一個好廚師，一定得到處吃、多多觀摩。」因為如果沒有親身嘗試過各方優秀的料理，純憑想像力很難突破個人的經驗範疇，烹飪手法也會因此受限。Dana 多年來聽取大廚教誨，一有機會就出門見識各家廚藝，又因為餐廳的同仁們通常沒興趣花大錢吃西餐，她早已習慣一個人上高級餐廳享用餐點。要知道高級法式餐廳吃飯是很正式的，我就算與朋友一同上這樣的地方用餐，偶爾還是會擔心自己有點欠缺儀態，若要我一個人去吃一套動輒花兩三小時的大餐，光用想的都有點尷尬。反之 Dana 泰然自若，專業精神完全超越臉皮厚薄，來港之前已用做功課的態度訂了幾家餐廳。我還從來沒有因為「愛吃」而這麼佩服過一個人。

星期四中午我們在永豐街新開的 Cépage 餐廳見面，這是郭文秀當年在新加坡隸屬的 Les Amis 餐飲集團於香港開設的第一家餐廳，位於靜巷內一幢透天的三層樓房，做的是義法融合的地中海式精緻料理。舒適的環境和精美的前菜打開了我們的話匣子，我把自己入行不久的疑惑一股腦全部端出來，請問 Dana 她多年下來每日站立工作逾十二小時，每週六天，如此日復一日是否曾感到疲憊？她說不會哎，因為真的很喜歡這個工作。她很平實又慢條斯理的告訴我，目前工作上最大的困難是必須克服在大陸做精緻料理的種種限制：首先是懂得欣賞的人不多，再者好的食材取得不易，不過最大的障礙還是難以訓練出一批有理想見地又肯下苦心的廚師。廚房裡的工作首重團隊，當一群人同心協力追求一個精湛的標準時，那種付出很有成就感。反之如果做不到那個標準，她難免感到氣餒。

我問 Dana 是否有計畫回台灣發展，或許開一家自己的餐廳？她說開店的夢想當然是有的，但目前覺得自己經

驗累積得還不夠。其實在我看來，憑 Dana 從學徒做起已十年的經歷以及在郭主廚手下磨練出的一身技藝眼界，她的能力比許多在台灣獨當一面的主廚還要扎實許多。但是 Dana 不急，她說廚藝的世界太廣大，既然知道有人能做得更好，她很難以目前的標準自滿。她說，許多大廚一但成名了就自然而然遠離廚房，從事更容易賺錢的顧問工作，「可是那對我一點吸引力也沒有！」她談到日本有很多廚師即使在廚藝事業上叫好又叫座，還是堅持開一間小小的店，每一樣菜餚都親自經手。她說：「我就是希望能做到那樣。」

談話的同時，服務生送上了當天的第三道菜，是一只半熟溏心，來自日本長崎的有機雞蛋，配上一片烤玉米和玉米漿打成的泡沫，以及炒野菇和煎至酥脆的五花肉絲。Dana 吃了一口，驚呼：「怎麼會這麼好吃！」

我同意這道菜的確非常出色，口味在平衡中有層次：雞蛋的濃滑配上用兩種手法呈現的玉米香甜，再加上菇菌沉穩的大地氣息與五花肉鮮明的酥脆鹹香，每一口都恰到好處，不寡不膩，而且黃艷艷熱騰騰，色香味俱全。這樣精工巧手設計出來的菜色早已超過我目前的能力範圍，若能趁機吸收一點手法當然很好，但基本上我還是以享受為主，在理念上仰之彌高，只敢遙遙欣賞。反觀 Dana，她每吃一口都像是透過食物與主廚進行心靈對話，反覆咀嚼箇中精髓，似乎很細部的與自己做過的菜進行比較。

接下來的主菜也是超乎尋常的口味平衡又層次多元：以橄欖油慢火浸泡烹調的黑鱈魚配上蟹肉橙汁 Tortellini 與整隻蟹腳，紅艷的番茄與泡沫醬汁和鮮綠的蘆筍成對比，讓 Dana 連連叫好（她平日批評菜色是可以很犀利的）。她放下刀叉很語重心長的說：「這樣一餐飯花港幣四百六十元（結帳是五百五十元，折合台幣兩千四百九十元），實在很划得來。」

這句話如果出自財力雄厚的美食家，我大概會在心底暗自說：「那是你命好。」但出自在廚房裡默默耕耘，拿上海廚師薪水的Dana，讓我不禁重新檢視事物的價值，對眼前的人和菜都多了一分尊敬。以前在研究所裡受到的左派教育一直讓我對於學習這種「給有錢人吃的」法式精緻料理（fine-dining）感到小小的慚愧，這回看到Dana以專業敬業的精神品味精緻美食，我忽然覺得心胸坦然了起來。我們努力的磨鍊廚藝本不是為了榮華富貴，而是在追尋心中的一個典範啊！

補記

Dana於二〇一〇年返台，先後在幾家知名餐廳服務，功力更上層樓。二〇一三年於台北金華街開創她自己的天地——風流小館（l'air café néo bistro），為台灣法式精緻餐飲的代表性主廚。

精緻與家常 ————————————

　　前一篇文裡我提到 fine-dining 一詞，自覺實在不清不楚。雖然可以說 fine 是精緻，casual 是家常，這精緻和家常到底差異在哪裡？後來想想，我認為從擺盤的風格可以一窺端倪。

　　我向來怕麻煩，喜歡簡易的擺盤法，最好一個盤子只有一個中心點，菜餚平鋪多於層疊，配菜不多過兩三樣，若有醬汁和辛香草葉最好是隨意揮灑，整盤菜的布局通常在三十秒內一人搞定——這是作風較隨性的 casual-dining 做法，一般餐廳頂多做到這樣。

　　Fine-dining 就不一樣了，尤其是高級的法式西餐，擺盤像是工筆白描或繡花一樣，每一丁點食物都得精心安插，牽一髮而動全身。醬汁多以圓點、直線、完美螺旋或晶瑩泡沫呈現，偶有以匙尖做出的推拉暈染效果，但少見潑墨揮灑。一個盤子有時分為幾個區塊，肉食主菜或許分到的版圖比較大，但就連旁邊的蔬食配菜也像封建諸侯一樣，各霸一方，有嬪妃武士隨侍在側（例如配菜馬鈴薯泥可能做成橄欖球型的 quenelle，另有幼嫩的沙拉葉陪襯，醬汁可能是工整的大小圓點，為了製造口感對比可能還配上幾條炸得酥脆捲曲的時蔬薄片）。再換個比方，這就好像主菜與重要配菜分別是大小恆星，而每一顆恆星又自成體系，有大小行星圍繞。這樣的擺盤確保顧客每吃一口都可以體驗參差對照的層次感（冷／熱，脆／軟，甜／鹹等），用心良苦，但是也非常麻煩，通常一盤菜需要動員整個廚房，還得靠好幾人合力擺盤。

上回 Dana 來香港時，我忍不住問她：「你天天擺這樣的盤子會不會煩啊？」她說：「不會啊，早就習慣了。」有一回「梧桐」餐廳的大廚派她到樓下較平價的小酒館部門指導新進廚師。Dana 示範烹飪流程後順手擺盤，菜還沒送出去，大廚正好走進來，看到盤子大呼：「拜託，這裡是小酒館（brasserie）哎，你擺得這麼精緻叫我怎麼面對客人？」Dana 很無辜的說：「我已經很努力做得隨便一點了，但是我受的訓練是 fine-dining，隨便一擺就是這樣啊！」

　　這讓我想到《波登不設限》（No Reservations）這個節目裡，有一回波登禁不起觀眾的挑釁，答應一返他曾任主廚多年的 Les Halles 餐廳，重新執鍋鏟下廚一天。十多年來他因為出書與上電視走紅，早已遠離油煙，連自己都不確定是否有面對爐灶持續出菜的體力與能耐。為了壯大勇氣，他特別邀請米其林三星餐廳 Le Bernadin 的法籍帥哥主廚艾瑞克・李培（Eric Ripert）與他一同接受挑戰。當晚波登負責炒菜台，李培負責燒烤台，廚房裡其餘清一色全是墨西哥人。主廚 Carlos 是十多年前波登的屬下，如今早已身經百戰，面對兩位名人一點也不卑躬屈膝，反而有點等著看好戲的模樣。

　　Les Halles 餐廳是所謂的 brasserie，在法式餐飲裡檔次高於 café，但仍屬大眾化，走的是經典家常菜式，菜單特厚，選擇種類超過百樣。當晚的生意很不錯，偌大的餐廳裡客人一批接著一批到來，連續六七個小時點菜單劈劈啪啪打印不停。鏡頭前的波登昏頭轉向滿頭大汗，拚命提醒自己千萬小心別燙傷切到手，更不能因動作慢被主廚 Carlos 拉下台去一旁乾瞪眼。他斜眼瞧身旁的艾瑞克・李培動作似乎很熟練，沒想到當了三星大廚多年（這表示李培除了主掌大局以外，也已經很久沒有親自下台做菜了）還能臨危不亂，讓波登惶恐又慚愧。這一晚就像打仗一樣，波登與李培背對背開火抗敵，終於殺到一盤不剩。面對滿

慢燉鮑魚蘑菇塔佐夏季黑松露　烹飪、攝影／Dana Yu

油封鮭魚與水煮蛋碎、魚子醬、蘋果凍與青檸泡沫　烹飪、攝影／Dana Yu

目瘡痍的廚房與掛了彩的圍裙，兩人終於累倒坐下，開啤酒收工，節目也就此結束。

有趣的是，事後波登與李培另外錄製了一段五分鐘的談話內容。短片中波登稱讚李培臨危不亂，李培說那是做給電視看的，其實他早已昏頭轉向，只知道要不斷的烤肉，那些肉到底是烤來做什麼的，他根本搞不清楚，要是沒有旁邊一位機警的小弟幫忙，絕對無法存活。他用濃濃的法文腔再三強調那個台子的工作至少需要兩個人：「一個人做菜，一個人擺盤。」波登回答這工作向來是一個人負責的，當天他們只做了三百多個客人的生意，上週末據說有六百七十五個客人，同樣是每個工作台一人搞定。

李培說：「That's impossible!」

波登問他：「你上回在出菜前不需要擦盤緣的地方工作是什麼時候？」

李培搔搔頭說：「Le Bernadin 之前我在 Bouley，再之前是 Robuchon，更早是 La Tour d'Argent（都是超有名的高級餐廳）。你說的這種地方我沒有見過，聽不太懂你在說什麼。」

精緻與家常就是可以差這麼多！

補記

近年來高檔料理流行北歐風擺盤，偌大的盤子只用盤緣，食物精細的堆砌成長長一條，花葉交錯，甚至有苔蘚枝枒木炭之類的野生元素，是日式禪風與極地荒原意象的結合，奉行者無數，已蔚為廚藝界指標。

烹飪、攝影／Fred Siu

廚師的土著化

　　文化人類學裡常提到一個「土著化」的概念，乍聽之下可能會聯想到一個城裡人穿起丁字褲，繞著營火舞蹈的畫面。其實在全球化席捲之下的當代，人類學的研究對象早已非一般人印象中那般原始，而所謂土著化指的也不過就是外來人在進入一個不熟悉領域後的融入過程。

　　有別於理性的分析思考，土著化往往是在潛移默化的狀況下發生的，直到有一天驚覺，以前認為彆扭不合理的事物忽然變得很順手，甚至理所當然，而且可以用當地人的邏輯做判斷。這個過程我想大部分曾離鄉背井或當兵從軍，甚至投入新行業的人都多少能體會。

　　我自從由人類學研究生變為廚師之後，第一次有這種感覺是在餐廳裡工作切到手。那天因為工作量大，在壓力與自尊心的驅使下，我展開了超乎尋常的切菜速度，結果一閃神差點剁掉一截食指尖。鮮血直流之際我根本來不及感到疼痛，只擔心被罵笨拙，也怕工作會做不完。沒想到，那些原本不太理我的廚師們竟一個個前來檢視我的傷口，包紮止血和揶揄之間流露出前所未見的溫情，並紛紛向我展示他們的刀疤，讓我也不禁對那夠深夠大的傷口升起一股得意自豪。

　　這讓我想起人類學大師吉爾茲（Clifford Geertz）當年在峇里島做研究時，從透明人升格為榮譽村民的故事。身為外來學者的他原本沒人理會，卻因為在一場被警察突擊取締的鬥雞賽裡，和村民與雞隻一起逃竄，完全忘記自己有豁免權的貴賓身分，而成為村中笑柄，也終於被大家接

受，踏出他輝煌田野工作史上最關鍵的第一步。

　　除了這種「芝麻開門」的事件之外，漫長的土著化過程中，有些新的體悟會不知不覺的變成舉手投足間的一股姿態。這就像社會學家布迪厄（Pierre Bourdieu）所說的「慣習」（Habitus），是一種思想觀念與社會地位的具體展現，因為融入在個人的肢體語言裡，無聲勝有聲，比什麼說得出來的道理都影響深遠。

　　印證於廚房裡，研習專業廚藝的作家麥克‧儒曼（Michael Ruhlman）曾在書裡提到，在習慣了廚房裡萬事講求效率的環境之後，他發現自己做什麼事都開始節省不必要的小動作。比如打包行李的時候，他會盡量減少來回於衣櫃、書桌和皮箱間的次數，就像在做菜時如果需要取鍋子或去冰櫃拿食材，最好一次拿齊全以免手忙腳亂一樣。這讓我看了忍不住會心一笑，也愈發了解為什麼這幾年來我對動作慢的人特別欠缺耐心！

　　最近看了華裔美籍作家林留清怡的中譯版新書《味人民服務》（Serve the People），裡面提到她在北京市郊的一家刀削麵館裡實習時，有回一位女客氣沖沖的退回一碗麵，說是裡面有根頭髮（而那看來就是作者的長頭髮）。當老闆忙著道歉重新下麵時，甫學會削麵的作者忍不住抱怨：「那女的真是大驚小怪！……我們在這兒忙得汗流浹背，她卻只是付了美金四毛錢吃個午餐而已，而且說到底，不過就是我的一根頭髮嘛。」短短幾句不怎麼光彩的話，深深的土著化畢露無疑！

　　人類學家一方面渴望融入新環境，一方面又怕土著化太徹底會失去比較分析的能力。關於這點我沒有後顧之憂，畢竟放棄了學院可以盡情擁抱廚房。不過有時在電光火石之間，當我拍著自己的胸脯肚皮或胳膊大腿向別人解釋盤裡的牛豬肉來自哪個部位時，那個過往的自己會對我擠眼睛微笑，這才知道我已經走得很遠了。

十秒鐘的
境界

　　不久前我有幸造訪台中的「鹽之華」餐廳，吃了一頓水準超凡的法式西餐，也親眼見到了久仰大名的黎俞君主廚。根據《預約私房美味》一書的介紹，黎主廚現年四十二歲，入行已近三十年。她高中時輟學離開彰化老家，到台北拜師學廚藝，因為「不甘心在鄉下平凡過一生」，也為了「吃鄉下沒有的牛肉」。本來自認不愛唸書的她，進了廚房的天地卻求知欲大發，除了發狠鍛練基本功，每天下班後還熬夜查字典，讀英文食譜學習烹飪原理和食材應用，結果二十一歲就做到凱悅飯店西餐部的領班，統領近百位廚師。幾年後她在台中開了一家義大利小館Papamio，生意如日中天的當兒又決定出國進修，申請進入聞名業界的 Le Notre 廚藝學校。返台後她於二○○四年在台中美術館旁開了「鹽之華」餐廳，做的是台灣目前仍屈指可數的精緻法式料理。

　　我在專程南下的高鐵車廂裡暗自複習黎主廚的經歷，還沒見面已經有一種「一定會很喜歡她」的預感。生平第一回出書，黎主廚雖與我素不相識，卻在收到書稿後非常阿莎力的答應推薦做序，現在又熱情的邀我用餐，足可見她是一位好客又特別照應同行的前輩。

　　在「鹽之華」餐廳入座後，我環顧四方，第一個感覺是這裡很歐洲──不是那種金碧輝煌或複製田園的歐風想像，也不是現在流行的都會極簡，總之完全不趕時髦卻別有一股悠然穩健的氣息，服務生也親切又專業。整個用餐的過程中，黎主廚本人在廚房裡忙碌，所以並未現身，但

我每吃一口她做的菜，就好像多認識她一點。怎麼說呢？黎主廚的菜一點也不花俏，與當今許多星級名廚的菜式（甚至山寨版本）比起來，可能顯得比較老派，雖不是最傳統的法式地方菜，味覺譜系卻是百分之百的經典法國——鵝肝、乳鴿、青蒜、白蘆筍、馬德拉酒……，就連用本地的愛文芒果配干貝，或是鳳梨入冰沙，感覺都沒有一點 fusion 的意味。這樣的風格本身當然沒有好壞之別，只是在大家都忙著搞創意的高級餐飲市場中反而顯得獨樹一格。但最重要的是，她的菜非常好吃，每一口都火候恰當、調味精準：該脆的脆，該嫩的嫩，醬汁裡吃得出高湯與料酒的深度和層次，讓我每一口都覺得剛剛好，老實說那是很少見的。

　　吃完飯後我上樓參觀廚房，終於見到了大廚黎俞君，也驚訝的發現原來應付了滿場午市的廚房裡竟然只有三個人！黎主廚和兩位年輕廚師在這裡從早忙到晚，從餐前的麵包到餐後精美的甜點全部現場製作，以咖啡廳的人事規格做 fine-dining，簡直就是超人（這就像在香港的鼎泰豐看到一打師傅合力摺小籠包後，回到永康街看到只有三個師傅那樣令我嘆服）！黎主廚說說她身為女性在廚房這個男人的天下闖蕩，身手不好不可能混得下去。

　　為了保持身段，她會練習一面看電視一面削紅蘿蔔和馬鈴薯，務求能一心二用，眼睛不看都能使刀。她很驕傲地說：「我削一顆馬鈴薯只要十秒鐘。」廚藝生涯中每回遇到不甘服從女主廚的年輕男性，「我就削一顆馬鈴薯給他看」，然後把刨刀放下說：「好，現在你來。」這個下馬威的招數通常很管用。

　　那天和黎主廚聊了不少，她不談廚界軼聞與新穎技術，就愛討論如削皮刀片、鍛鍊體力之類的基本功，頗有一種見山又是山的老將風範。回家後我特地買了一袋馬鈴薯，拿出削皮刀請老公幫我計時，測驗結果讓我非常挫敗——每顆平均三十二秒，十秒鐘的境界果真令人肅然起敬！

桃花源裡
論廚藝

聽著黎有甜、黎宇文這對父子在他們經營的「桃花源
小廚」裡談吃，我感覺自己好像穿越時空來到前清時期的
大戶人家，眼前每道菜都有其來頭，傳承自經驗老到的家
廚師傅，又經過有錢的姑爺們百般吹毛求疵才得以淬煉完
成。

年近六十的黎有甜十幾歲就進廚房做學徒，在恒生銀
行的私人會所裡追隨早年廣州江太史的家廚——李才學習技
藝。談到學廚的經歷，他說每道菜都刻骨銘心，最好的菜
如果不符合師傅的標準，絕對是不惜血本的倒掉重來。如
果隔天客人要吃鮑魚，他前一晚就得徹夜不眠守著炭火，
悉心掌握爐溫，所以鍋中的細微變化都能逐步詳查；「同
樣是日本來的鮑魚，沿海與近海的品種又有不同的烹調方
式，這些都是靠經驗得來的。」由於銀行家們特別刁嘴，
所有的菜色都必須精益求精：豬肚只能用最爽脆的尖角部
位；明蝦不只去皮，還得去薄衣以求瑩白；冬瓜蟹箝非得
取用兩斤以上肉質豐厚的螃蟹；柚子皮先泡水去苦澀，再
以上湯蝦子（也就是蝦卵）燜煮軟爛……。每道菜看似簡
單，背後卻都有深厚的功夫，而且火候與調味總是拿捏得
恰到好處。這些過往只有大老闆才能享用的私房菜，現在
都能在「桃花源小廚」吃得到。

黎家父子雖然堅守精緻粵菜傳統，卻也認真思索他們
自家，乃至於中國菜在全球美食版圖上的位置。這一方面
應是好學的性格使然，另一方面大概也受了港澳地區第一
本米其林指南的影響。二○○八年十二月，「桃花源小

廚」在上環小巷內不起眼的本店摘下了米其林一顆星，位於澳門葡京酒店內較為舒適寬敞的分店則獲得兩顆星，在全區內得星總數僅次於叱咤全球的法國名廚侯布雄（Joel Robuchon），硬生生的證明沒有排場和酒藏的小店一樣可以憑食物品質脫穎而出。

評鑑結果宣布的第二天，同樣在葡京酒店掌廚卻沒有摘星的義大利名廚唐‧阿方索（Don Alfonso）即親自前來道賀並獨自入座品嚐「桃花源」招牌菜。黎宇文說：「這樣的氣度讓我們印象深刻，因為一般中菜廚師是不會這樣甘心服輸，又公然來見習的。」他們進一步解釋說中菜廚師之間通常沒有太多交流，就連師傅面對徒弟往往還「留一手」，深怕對方學會了變成競爭對手，結果大家故步自封，私密配方隨著年歲失傳，新的技術又得獨自開發，很難進步。「好在有那些富了三代的有錢人督促把關，他們就算不會做菜也講得一口好菜，可以幫助我們改進。」

或許是受到唐‧阿方索的感召吧，黎有甜和黎宇文緊接著就報名參加了二月份在東京舉辦的「Tokyo Taste ——世界美食高峰會議」，在台下聆聽了一場又一場各國名廚的演講。那場活動裡，目前世界頂尖的名廚到了一大半——侯布雄、費蘭‧阿德利亞、赫斯頓‧布魯門東（Heston Blumenthal）、皮爾‧迦磊（Pierre Gagnaire）、格蘭特‧阿卡茲、松久信幸（Nobu Matsuhisa）、和久田哲也（Tetsuya Wakuda）……黎宇文說：「全場除了受邀示範北京烤鴨的董振祥以外，只有我們兩個中國人，香港的媒體也完全沒有報導相關消息，真的很可惜！」整場活動裡讓黎家父子印象最深刻的是，這些名廚們個個開誠布公的介紹他們最新開發的烹調手法與創作理念，「比方說皮爾‧迦磊，他講不清楚的部分就動手做給你看，舉手投足都是大師風範！」又看到費蘭‧阿德利亞為了提升食物的美感，甚至跟日本的畫家聯手合作，設計擺盤布局，「這樣做出來的

菜怎麼可能不漂亮！」

　　我們接著一面吃沙嗲腸粉和咕嚕肉一面唏噓，要怎樣把中國菜的精神也宣揚出去，並且創造一個廚師們之間可以虛心交流，共同追求進步的討論空間呢？黎有甜大師傅說：「美食的發展就是需要耳濡目染的培養，我十幾歲才開始學，我的兒子卻是從小就看我做，品味自然比我好，而他的孩子又一定比他更好。」

　　這樣世代傳承的典範的確有一股迷人的傳奇性，但我不是他兒子也不是他孫子，好心急哎！我恨不得能坐到天亮多聽一點黎師傅的故事，再討教幾招他數十年練就的烹飪心得。回到家裡我意猶未盡，想念桃花源的細膩滋味，也忍不住夢想：如果能把大江南北各派獨自練功的中菜大廚全部集合在一起，來個華山論劍，多好！

小吃的變奏

　　好友 Dana 最近辭去了上海的工作，回到台北加入新開張的法國星級名廚餐廳，為的是多看多學習。經過一個多月的魔鬼訓練，上週終於有機會週休二日，除了在家補眠之外也難得能出門看看太陽，順便約我見面吃個飯。這段日子裡，他們廚房全員在最慘時曾空腹忙碌到凌晨兩點。那晚下班回家的路上，Dana 買了一塊香雞排，沒想到進了家門才吃一口就睡著了；夜半雞排從手中咔嚓掉落，恍然驚醒，不知身在何處。第二天早上大家睜著惺忪睡眼比對前晚的疲憊狀況，才知道幾乎每個同事都是抱著滷味或泡麵睡著的。想起一個月前在上海的日子，Dana 說恍若隔世啊！

　　談話間我們三句不離本行，總是繞著烹飪心得在打轉。然後不知怎麼的，Dana 提到她平日最愛吃「蚵仔麵線」，講起兒時家附近的一個麵攤，眉眼盡是陶醉。我突發奇想，問她如果要用餐廳裡學到的這套精緻手法呈現麵線，她會怎麼做。她毫不思索的回答：「我覺得麵線就是要一碗給它吃下去！」

　　也對，麵線還是在路邊攤叫一碗，呼嚕下肚最過癮。但假設我們參加廚藝競賽，打算從台灣小吃的基調做變奏，設計一個充滿鄉下情又不乏新意的套餐，可以如何著手呢？

　　「你是說要做一個台灣小吃 Degustation（賞味套餐）嗎？嘿嘿，這個有意思！」

　　我說是啊。近年來歐美餐飲界很盛行經典翻新，在設

攝影／smcego

計新菜時並非天馬行空，而是從熟悉的家常口味出發，在用料、做工與擺盤上力求盡善盡美。這種做法往往出自一股玩心與幽默感，讓人吃了會心一笑。比如湯瑪斯・凱勒的「Macaroni & Cheese」（起士通心粉）和「Coffee and Doughnuts」（咖啡配甜甜圈），或者米歇爾・理察（Michel Richard）的「Le Kit Kat」（巧克力脆餅），都是出自再普通不過，甚至充滿添加物，瀕臨垃圾食品的庶民小點；經過大廚的妙手打理，換上天然優質原料，馬上搖身變為可以匹配鮮花燭光的佳餚，又同時滿足食客心底那股偷偷想吃零食的欲望。放到手法更前衛的「分子派」大廚手裡，熟悉的菜色甚至會被「解構」和「重組」，最後上桌的菜看起來匪夷所思，但偏偏吃起來又會想起熟悉的味道，目的就是在挑戰感官之餘也觸發心底共鳴。幾年下來各國大廚紛紛開始用這種方式思考，回頭鑽研身邊的家常小點，一時百花齊放，餐廳裡的菜單越來越有趣。

對這些廚師來說，翻新自家傳統是一種對法式精緻廚藝的反動。長久以來，大家總認為在高級西餐廳裡，唯一上得了檯面的菜就是法國菜，所以不管你是英國人、西班牙人還是墨西哥人，進了高級餐廳的廚房就非得做那些鵝肝、鵪鶉和奶醬之類的菜，而自己平常愛吃的東西就好像很見不得人似的。其實這些廚師手藝精湛，在懂得掌握火候與調味的前提下，不管碰到什麼食材組合都可以做出色香味俱全的菜餚，更何況是自己從小熟悉的材料和味道。

一道菜是否能「登大雅之堂」，一大因素在於社會賦予它的形象，跟好吃不好吃沒太大關係。比方當年因為宋美齡說她愛吃紅豆鬆糕，一個平凡的江浙小點忽然搖身變得很華貴。而陳水扁第一次當選總統時，就職國宴裡赫然驚見台南碗粿與虱目魚丸湯，則是從小處宣示了新當權者對既有階級文化的挑戰。如果大人物可以扭轉飲食符碼，身為廚師的我們何嘗不能將那些精緻料理的技藝套用於最

熟悉的台灣小吃，玩一玩也博君一笑？

　　至此，我和 Dana 同時陷入麵線的沉思，然後我首先發難：「不如把蚵仔麵線做成冷的 Amuse Bouche 前菜，擺在湯匙或小玻璃杯裡，用生蠔做主角，底下墊一小捲麵線和湯汁，上面再淋蒜汁黑醋和香菜。」如此在形式上是一道西式的生蠔開胃菜，骨子裡卻是夜市口味。

　　Dana 眼睛一亮，緊接著說：「湯的部分最好做成果凍狀（法式冷菜很常見的「Aspic」），用非常少量的吉利丁讓它剛好凝結，但又入口即化，像是微微勾芡過的湯。嗯……我覺得會好吃喔！」

　　我們接著討論湯頭的調配與牡蠣的品種，重點是每一個環節的味道都要對。

　　Dana 又說：「蚵仔旁邊還可以加一小塊大腸，一定要滷得很軟很夠味，然後把表層炙烤到脆脆的，造成口感的對比。」哇，我忽然好想吃大腸！

　　沉思半晌，Dana 又說：「其實也可以加一點竹筍耶。我吃過有加竹筍的麵線，味道很搭。」

　　「不是做套餐嗎？竹筍還是留給肉圓吧！」我說。

　　「也對啦。我剛才一直在想，肉圓可以用 Ravioli 的方式來呈現，加上醬料會很漂亮，只是那個醬我沒有做過，要研究一下。」

　　我聽了差點笑出來，忍不住問 Dana：「你怎麼可能一直在想肉圓呢？我們不是一直在講蚵仔麵線嗎？」

　　「可是你一開始就說要做套餐啊，我就同時開始想了嘛。」

　　哈哈，Dana，我真服了你！什麼時候等你忙完了，我們好好聯手做一頓飯吧！

夢想的念力

　　不久前讀了西班牙名廚費蘭·阿德利亞的傳記（*Ferran by Coleman Andrews, 2010*），得知他預計在二〇一一年七月關閉 elBulli 餐廳之後，到日本和中國走一遭，為的是想親身體驗不同的飲食文化，以刺激更多創作靈感。讀到這裡，我心頭忽然一陣悸動，忍不住幻想有機會在上海遇見這位大幅突破了廚藝創作疆界的世紀廚神。設想，如果見到了阿德利亞，我要跟他說什麼呢？他不會說英文，溝通上可困難了。與其用我那年久生疏的法文與他交談，我靈機一動，不如趁這個機會學西班牙文吧！

　　於是乎一個多月前的某個下午，我毅然決然的把孩子交給保姆，出門去一家西語學校報名暑期密集班，然後為了趕上其他同學已經上了兩個星期的進度，回家鎮日伏案自修，十個月大的兒子掛在腳邊也跟我一起練習打大舌頭。老師同學們問我為什麼要學西班牙文，我囁嚅的說是為了旅遊。老公看我如此瘋狂的動用所有資源，只是八字沒一撇的為了見偶像一面，先是丟給我一句：「Good luck！」然後又補上一句：「我喜歡你就是因為你會作夢。」

　　但是請千萬不要低估夢想的念力！就在我剛學會用西語問早道好，可以說「書本在桌子上」、「蘋果比橘子貴」之後，一位從事公關的新朋友無意間提到，阿德利亞即將低調來訪上海，由她的公司負責籌劃一場小型演講會。我好求歹求，兩天一通電話提醒對方我的存在，終於如願收到了邀請函，在上星期一下午前往新天哈瓦那酒店朝拜偶像。

進到會場，幾乎所有的人都在講西班牙文。我在第二排的邊邊找了個位子，左邊是萬豪酒店的扒房主廚，右邊是希爾頓飯店的行政總廚，而坐在我前方的……嗯……不正是阿德利亞他本人嗎！

　　費蘭・阿德利亞是什麼來頭，這裡就不多重複了，有興趣的人請參考謝忠道在《星星的滋味》與《慢食之後》裡的精彩討論。餐飲界普遍稱阿德利亞為「世上最好的廚師」（當天西班牙駐華大使也是這樣介紹他的），而他本人不是很謙虛的反駁說：「世上沒有所謂最好的廚師，因為『好』是主觀的概念。」所以只能說他是當今世界上「最有影響力的廚師」。這個頭銜無可厚非，因為即使阿德利亞的分子派料理不是所有的人都欣賞，更非常人所學得會、吃得起，他所代表的創作理念卻可說是烹飪史上的一種「典範轉移」（paradigm shift），也就是說，烹飪這件事在他之後有了突破性的發展和更寬廣的定義。

　　直至上個世紀末，我們幾乎可以斷言說，天底下可以做的菜都已經被做過了。所謂創意，一般不外乎是食材、調料有限度的排列組合（有很多組合式很難吃的，所以一創作出來就被淘汰掉），火候的調整代換，和視覺呈現的布局巧思。如果為了飽腹和享樂，現有的可能性當然一輩子也吃不完，但阿德利亞本著前衛藝術創作的精神，配合科學理論與尖端儀器，硬是超越了現有的可能性。比如他用超低溫的液化氮把鵝肝變成雪花，用藻酸鹽和氯化鈣溶液把湯汁轉換為吹彈破的晶瑩膠囊，或是把棉花糖和花朵一起壓扁風乾，變成美麗可食的花卉「棉紙」……。方法或繁或簡，成果卻每每突破現有認知，讓天下人驚覺：原來烹飪可以這樣玩。

　　許多衛道人士批評他標新立異，違反自然，對此，阿德利亞在演講中提出了一個很簡單的回應。他說，談到傳統西班牙菜，一般人通常會想到番茄冷湯（Gazpacho）和

馬鈴薯蛋餅（Tortilla de patatas），而這兩道菜所用的原料——番茄和馬鈴薯——都來自美洲新大陸，確切做法在十九世紀前根本不存在於西班牙，可見所謂「傳統」是不斷在衍變的（正所謂「今日的流行，明日的古典」）。另外他說，烹飪本身就是質性的改變；既然懂得用火，何必堅持生食才自然呢？阿德利亞很有老師風範的在大幅白紙上畫了一個蘋果，解釋說蘋果可以直接連皮咬著吃，也可以切片擠點檸檬汁，或是榨成果汁喝，烤在派裡吃等等，每一種加工都帶來不同的風味，而他在廚藝上致力精進的，正是不同風味的探索。

阿德利亞說如果烹飪是一種語言，那麼每一種特定的食材組合和技術環節就是它的基本語彙，進而可以組織成文句和篇章。他認為語彙不會無中生有，必須先有人提出概念，才能賦予一個字串特殊意義〔我想這就是符號學裡所謂「意符」（signifier）和「意指」（signified）之間的關係〕。他以「迷你裙」打比方，解釋說其實古希臘的戰士和奴隸常常穿迷你裙，但一直到一九六〇年代，瑪莉官（Mary Quant）設計了一系列超短服飾並稱之為 mini skirt 之後，這種造型才成為現今大家所熟知的時尚符碼。同樣的，所謂的 tortilla de patatas 也是一個約定俗成的概念；在這道菜正式被創造出來之前，肯定也有人做過類似的馬鈴薯和雞蛋組合，但唯有在「正名」之後，它才成為廚師和食客心目中確切的一道菜。可見菜餚本身和它背後的概念有著微妙的聯繫，可拆可組，而阿德利亞想要做的，就是那個賦予和拆解概念的人。

很抽象是嗎？老實說我在台下聽得也很震撼，不斷聯想到以前讀的那些文化研究理論家：索緒爾（Saussure）、德西達（Derrida）、巴巴（Bhabha）、布希亞（Baudrillard）……。原來大師想事情就是跟一般人不太一樣。

阿德利亞談到他在設計新菜時，常喜歡對我們熟悉的食

物進行「模仿」（mimicry）和「解構」（deconstruction）。比如說用味道極為精純的橄欖漿汁做成橄欖形狀的膠囊，外型唯妙唯肖，然而一口咬下去卻會爆漿。又比如說他把脆脆的香米（puffed rice）用番紅花及脫水番茄和脫水蝦磨成的粉炒香，配上一小管濃縮的海鮮清湯，兩者一起吃進嘴裡，味道就像西班牙海鮮飯（Paella）。前者是模仿，看似熟悉但吃起來很新奇；後者是解構，看似奇怪但吃起來很熟悉。這就像《駭客任務》（The Matrix）裡的虛擬世界忽然出現重複的雜訊一樣，讓人一時搞不清什麼是真、什麼是假，不得不思考那些平日覺得天經地義、理所當然的事務／食物。誠如阿德利亞的傳記作者，名美食評論家寇曼·安德魯（Coleman Andrews）所說：「阿德利亞要我們用大腦吃飯。」

我在華文世界裡聽過不少人批評這種料理風格純屬噱頭，不知所云。我想，除了個人主觀喜好以外，這樣的看法很可能歸諸兩個原因：

第一，模仿和解構這兩種手法其實都具有很大的幽默成分，而它博君一笑的前提是，大家對那些「被模仿」、「被解構」的菜色必須很熟悉。試想，如果沒聽過阿扁和小馬哥這些人講話，《全民大悶鍋》這種節目有什麼好看呢？同樣的，阿德利亞在西班牙經典菜色上開玩笑，沒吃過那些菜的人見到「分子版」的做法當然一頭霧水。如果我們用類似的方法呈現蚵仔麵線或三杯雞，想必大家會覺得比較有趣（見〈小吃的變奏〉一文）。

第二，坊間有不少學了一招半式走江湖的分子料理往往只抓了點炫人耳目的皮毛，料理本身卻粗製濫造。就拿最常為人詬病的「泡沫」（foam）來說吧，阿德利亞運用泡沫的初衷是要讓極鮮極濃的醬汁不顯得太厚重。由於一點點醬汁就可以打成許多泡沫並均勻的覆蓋食物表面，它達到調味的目的，又不造成身體太大的負擔，但前提是那

醬汁或湯品本身必須味道好，貨真價實。如果只是胡亂調個醬再加點乳化劑打成泡沫，無論多麼晶瑩漂亮也沒有意義，只會讓人覺得很做作。

阿德利亞在料理上尋求形式的突破和轉變，在事業的經營上也如此。他認為 elBulli 餐廳已走到了現有形式的巔峰，沒有辦法繼續進步，所以決定將餐廳轉型為基金會，致力於研發創作並鼓勵廚師之間的技術交流。也因為如此，他想要到處走走看看。台下一位先生問他是否有意願在上海開餐廳，阿德利亞說他覺得這裡一般人恐怕不會太欣賞 elBulli 的菜，所以如果要在上海開餐廳的話，他比較想開一家傳統的西班牙式小酒館。

我在眾目睽睽之下也舉手問他，這回在中國有沒有吃到什麼覺得特別有意思、刺激他創作靈感的菜？他說他目前有興趣的倒不是具體的菜色，而是想更全面的了解中國人的飲食習慣和喜惡標準。他說，比方魚翅這種東西根本就沒有味道，為什麼大家那麼喜歡？排除高昂的價格和保育問題不說，這是否代表中國人對彈牙的質感有特別深的鑑賞力？另外他說，二〇〇二年短暫來訪過上海，當時很驚訝的發現，全城各處很難找到西式甜點。有人跟他解釋這是因為中國人普遍有「乳糖不耐症」，當時他覺得很有道理，然而這次卻看見上海到處都是西點糕餅店。難道在短短幾年內，中國人的體質已經改變了嗎？他說有機會的話，很希望能在中國住兩個月，細細體察這裡的飲食文化。

另外有一位女士提到，中式素齋裡有許多仿魚仿肉的菜色，有時幾可亂真，不知他對此作何感想，是否認為與他的創作手法有什麼相似之處呢？我覺得這個問題問得非常好，可惜阿德利亞對素齋顯然沒什麼了解，馬上不假思索的回答，這和他的菜沒有任何關係。我想他的確有必要來中國住兩個月。

演講結束後有一場小型酒會，我好不容易穿越媒體

記者擠到大師身邊，用苦練了好幾回的西班牙語問他：「Perdone, Chef. Puedo tomar una foto con usted?」（請問我可以跟你照張相嗎？）當時我興奮得眼睛冒星星，老公形容我「活像五十幾歲的歐巴桑見到裴勇俊」。那位為我掌鏡的萬豪酒店主廚顯然也興奮過度，頭昏眼花，以致這千載難逢的照片竟完全失焦，唉……就這樣短短一秒鐘，滿腔的話我還來不及講（反正也表達不出來），就被前仆後繼的人潮給推擠開了。離開會場我心頭有點小小的惆悵，暗自許願將來有幸去他在 Cala Montjoi 的工作室參觀研習。雖說機會渺茫，誰又敢說夢想的念力不能帶我去西班牙呢？

從鼻子到尾巴

　　近兩三年來似乎不管到哪個國家，時髦的西餐廳裡都供應起五花豬腩肉，做法多半是先用大火炙烤豬皮使之焦脆起水泡，然後再小火慢烤整塊肉以至肥油散盡、瘦肉酥爛。更講究一點的則將整塊五花肉浸泡在豬油和香料中以小火長時「功封」（confit），上菜前再將表面於平底鍋裡煎脆，切成薄片或小塊佐以特色醬汁盛盤。起初看到西方人對這塊他們傳統上只用來做培根的肥咚咚肚皮肉如此趨之若鶩，我感到頗震驚。後來想想，其實這類成功的行銷案例在餐飲界經年有之，起因不外乎是某位大廚發現了一塊好吃又便宜的肉，而且通常是在亞洲或拉丁美洲特別受歡迎，在歐美卻鮮少人知的部位切法。

　　就像大約十年前，歐美餐廳裡忽然流行起吃牛小排（Short Ribs），切法就像「台塑牛小排」那樣是帶著整條肋骨的厚身塊肉，而非韓式燒烤的橫切薄片，做法也不外乎是小火慢烤或以紅酒和香料慢燉。我一九九八年剛去美國留學的時候，只偶爾在亞洲超市找得到這個部位，價格一磅不到五美元。接下來眼看大型連鎖超市一一跟進，餐廳和美食雜誌紛紛宣揚牛小排的肉質如何鬆軟中帶嚼勁，價格也終於隨著人氣飆漲近三倍。

　　這種不斷開發新肉品部位的做法，從精打細算的廚師和餐飲經營者角度來看非常合理。同樣是肉排，一磅至少二十美元的菲力與十元出頭的牛小排或是三元不到的五花肉，在盛盤後索價不會差別太多，利潤卻大有區別。既然廚師能用巧手把多筋多油、老硬難嚼的部位轉化為香噴鮮

嫩的美食，進而大幅提升食材的形象與價值，何樂而不為呢？更何況透過對利潤的追尋，大廚得以帶領潮流，教育社會大眾享用過去棄之如敝屣的部位，進而減少浪費，物盡其用。從原本就欣賞筋骨與腱蹄內臟之多層次口感的華人角度看來，此舉雖後知後覺，卻終究是一種進步。

短短幾年間我陸續見證好幾波的國際肉品潮流，繼牛小排之後先是從拉丁美洲吹起一股適合醃製再燒烤的 flank steak 風潮（用的是牛身上比較瘦而硬，卻也特別香的側腰部位）。接著更識貨的店家開始賣起 skirt steak（裙帶排），標榜它和 flank steak 一樣精瘦夠味，肉質卻更有彈性。其實所謂裙帶排就是牛胸腔與腹腔之間的橫膈膜，它隨著牛隻的呼吸上下運動，口感相當好，但因為與內臟僅只一線之隔，價格也額外低廉。我常想，那些大啖裙帶排的時髦男女若知道他們口中咀嚼的是牛的橫膈膜，不知會做何反應？

另外一塊近年特別流行的肉品叫做 flat iron steak（平鐵牛排），取自一般人用來慢燉的牛隻肩膀部位。肩部的肉通常是很平價的，但屠宰師傅們發現，如果在切割時避開肥油筋絡，一隻牛的雙肩可以取出四片八至十二盎司、油花均勻且肉質細膩的牛排。由於這塊肉的產量不多，目前貨源幾乎完全被高級餐廳攔截。識貨的食客可以用較低的價格在餐廳吃到高品質的牛排，而店家以低價買進，中高價售出，同樣獲利滿滿，皆大歡喜。

說到肩頸肉，豬的肩膀前蹄這一兩年來似乎也在洋人世界裡日漸流行，時髦餐廳裡多半拿來整隻燒烤，再用手撕或切片。其實廣東人煲湯用的「西施骨」或是做叉燒用的「梅頭肉」（也稱梅花肉），還有台灣這幾年從日本和泰國學來的「松阪豬頸肉」都出自這個部位，就等著哪個識貨的大廚把它們發揚光大。另外我特別看好黑白切小菜中常見的「豬肝連」——它是豬的橫膈膜，精瘦又爽滑，只

待有人將它重新命名為「裙帶豬排」，必能進軍國際，名揚四海。

　　倫敦 St. John 餐廳的名廚弗格斯・亨德森（Fergus Henderson）這幾年提倡所謂的「Nose to Tail」（從鼻子到尾巴）吃法，力求每個部位都不浪費，同時也講究使用有機飼養且以人道方式屠宰的豬隻。這種做法對全球飲食倫理和口味的建立影響甚鉅，意義似乎已凌駕對利潤的追尋。忽然間，懂得如何選肉吃肉變成一種顯學與良心事業。有環保意識的饕客們從此遠離瀕臨絕種的藍鰭鮪魚和智利海鱸，或是大型飼養場裡打了抗生素的牛豬雞，個個興致盎然的吃起有機的腱蹄肝腸和尾巴肚皮，不啻返璞歸真啊！

艾維提斯的
完美雞蛋

　　法國著名的食品化學家，也是「分子美食」（Molecular Gastronomy）一詞的創始人艾維提斯（Hervé This）有一個很受歡迎的小理論：煮雞蛋最理想的水溫是 65°C。這個數字怎麼來的呢？原來蛋白在 62°C 開始凝結，而蛋黃凝結則要等到 68°C，所以如果水溫能夠從頭到尾控制在 62°C 到 68°C 之間，即可保證煮出法國人最喜歡的柔嫩蛋白與半熟蛋黃。同樣道理，如果想吃柔軟又已凝結的蛋黃，只要把水溫控制在 68°C 左右即可。這個範圍剛好是一般溫泉的溫度，所以和我們所謂的「溫泉蛋」道理雷同。

　　說來簡單，實際在家操作時要如何控制水溫和時間呢？我們知道水一旦達到沸點，不管滾得多大多小都是 100°C。在滾水裡煮一顆半熟溏心的雞蛋通常需要四到六分鐘，而如果水溫控制在溫和的 70°C 以下，則需要一個小時！

　　花一個小時煮蛋真的值得嗎？提斯說雞蛋中的蛋白質在不同的凝結點具有不同的質地與味道──溫度越高就越硬，高溫久煮會產生硫磺味，而蛋中的水分到達沸點會逐漸揮發流失（這也就是為什麼滷了很多次的蛋會收縮成堅硬的鐵蛋）。所以如果烹調的溫度能控制在蛋白質凝結的下限，煮出來的雞蛋保證水嫩軟滑。

　　而且提斯說這樣煮蛋一點也不麻煩。兩星期前他受邀到香港中文大學做了一場演講，我興沖沖的跑去聽。演講結束後，他在禮堂外與觀眾師生們一起享用茶點，一位教授問到：「你平常在家都怎麼煮蛋呢？」

提斯說：「我都是用洗碗機煮蛋。」

「洗碗機怎麼煮？」大家爭先恐後的問。

「我把雞蛋裝進塑膠袋裡，洗碗的時候一起放進去，碗洗好了蛋就煮好了啊。」

我忍不住合掌叫好：「原來洗碗機的溫度剛好適合煮蛋啊！」

他有點不耐煩的看我一眼，說：「那可不一定，我家的洗碗機按五號鈕剛剛好，但我怎麼知道你用哪個牌子的洗碗機？要回家自己試試看嘛！」

受到大師精神感召，我回到家仔細檢視所有廚房家電，平常幾乎不用的內建洗碗機分別有 60℃ 和 70℃ 的功能，烤箱最低也是 70℃，咖啡壺保溫 80℃，飯鍋達沸點。我決定土法煉鋼，煮一大鍋水用溫度計測量。

當天我煮了四顆蛋，水溫以最小的爐火控制在 65℃ 到 68℃ 上下。那是近中午的時間，由於我沒吃早餐，已餓得發慌，所以三十分鐘後就迫不及待的敲開了一顆蛋。這顆雞蛋還是水汪汪的，雖然不至於完全散開，但基本上可以用喝的，底下的柴魚醬油變得有點渾濁，顯然火候未到。

滿六十分鐘後，我再度敲開第二顆蛋，這回蛋白還是有點稀，非常不好剝，差不多剝到一半就整顆咕嚕流出，邊緣有一些散開的蛋花，不過至少保持了雞蛋的圓弧線條。我撒一丁點鹽試吃，蛋白的口感像日式茶碗蒸，嫩得不得了。茶碗蒸之所以會那麼嫩，就是因為全蛋打散後又對入三倍分量的高湯，水分大大多於會凝結的蛋白質，自然吹彈可破；而蛋白本身已含 90% 的水分與 10% 的蛋白質，在完全不流失水分的文火烹調下，果真比滾水煮出的雞蛋滑嫩許多。接著我用湯匙把蛋切開，裡面的蛋黃已凝結，不像一般看到的溏心蛋那樣──中央比較生、外圍比較熟，而是從裡到外均勻的幾近透明色澤，與其說是固狀，倒還更像凝膠。入口味道溫和，卻有類似蟹黃與海膽的綿密，簡

直可以拿奶油刀塗抹在吐司上！

　　滿九十分鐘後，我敲開第三顆蛋，以為這回蛋白應該會結實一點，結果它跟六十分鐘的那顆蛋狀況一模一樣。不過這回我比較講究，我先把蘆筍切片，和泡軟的乾野生羊肚菌（morrel）與新鮮紅蔥（shallot）炒香，泡乾菌用的水煮開後加入略帶甘甜的茵陳蒿（terragon）收汁，加鹽調味盛於盤底，撒上些許切成小丁的新鮮番茄。溫軟的雞蛋端坐其中，再淋上一匙松露油，吃起來濃郁中帶點清爽，算是今天的正餐。

　　滿一百二十分鐘的時候，我敲開最後一顆蛋，裡面沒有錦囊妙計也沒有忽地而出的精靈，仍是水嫩的蛋白與凝膠狀的蛋黃。這就是超小火恆溫烹調的好處——永遠不怕煮過頭，也證明了一小時的烹調綽綽有餘（網上有人堅持要煮隔夜）。我認真考慮是否應該加點紅糖、蜂蜜之類的，把這顆蛋當作甜點，可是想想又作罷，最後加了幾滴醬油、麻油和蔥花，囫圇吞下。至此日正當中，我已吃了四顆蛋，感覺有一點作嘔。

　　下午我去書店翻閱艾維提斯的大作 *Molecular Gastronomy*，又見他說：「一顆完美的白煮蛋裡，蛋黃應該在正中央。」（天啊，真的有人在意這個嗎？）由於蛋黃含油脂，密度低於水性的蛋白，在烹煮的過程中很容易浮到表面，所以必須不時轉動雞蛋。他也發現打蛋白的時候如果加一點水可以大幅增加發泡量，每顆蛋白可多膨脹一立方公分；總之諸如此類的超龜毛小撇步不勝枚舉。

　　近年來艾維提斯與法國三星名廚皮爾・迦聶聯手創造出許多新穎的烹飪方式與菜餚，他們最新的使命是挑戰所謂的「note by note cooking」，把自然食物裡現有的元素（包括色、香、味、口感）一一在實驗室分離出來，然後在廚房進行重組，就像「用一個一個音符創造旋律」一樣，發明出前所未有的新食物（我覺得有點像基因改造，只不

過比較講究美味，也與自然脫離得更徹底）。他認為這是頂級前衛餐飲未來必然的趨勢。我不禁想到，中國大陸不是已經有人用化學原料製作黑心假蛋了嗎？蛋是這麼複雜的東西，他們都有能力造假，如果把那番聰明才智拿來發展前衛新中菜，前途想必無可限量啊！

Chapter 02

關於飲食，
有太多事值得思考

味覺的好惡是有可塑性的。長年下來，我學會品嚐本來不
懂得欣賞的食物，每接納一樣口味都是一種視野的擴張與
快樂的增長。

調味

　　專業廚師與一般在家做菜的「home cook」最大的差別在哪兒？是刀工、火候、擺盤，還是成本控制？關於這個問題，看法當然見仁見智，但有趣的是許多專業師傅都曾對我說：「一般人做菜最大的毛病就是不懂得調味，而且沒有邊做邊品嚐的習慣。」

　　「正因如此，他們用的鹽常常不夠。」第一次聽到這說法時，我感到很不以為然，畢竟我們多年來聽慣了「鹽要少吃」這樣的道理。不過在跟著廚藝學校與餐廳裡的大廚們演練多時之後，老實說，我越來越認同他們的看法。這絕不是說要吃得很鹹，而是我意識到：有時只要多那麼一點點，整盤菜的味道就會鮮明許多。美國最受尊敬的米其林三星大廚湯瑪斯・凱勒在他專為「一般人」寫的最新食譜 *Ad Hoc at Home* 裡特別強調：「下鹽的目的是為了托出食物的原味，如果鹽不夠，食材本身的味道發揮不出來；但如果一吃就嚐到鹽，那麼肯定是下太多了。」他說調味時如何掌握那微妙的平衡是廚師的一大挑戰，也是一般 home cook「最需培養的技術」。

　　凱勒緊接著又說，大家都知道做菜要用鹽，但很少人懂得如何用醋、用酸。的確，從我自己學廚的經驗看來，所謂「普通」與「高明」的調味差別往往就在於酸味的應用。記得在廚藝學校時，有一回大廚示範做一個以奶汁為基礎的醬料，她首先炒香了細碎紅蔥，加入鮮奶油和高湯燉煮，以鹽和胡椒調味後叫我們一一品嚐。「味道如何？有點無聊是嗎？」接著她在鍋中擠入幾滴檸檬汁，再叫我

們品嚐，奇怪的是這回味道果真可口了許多——同樣是濃郁的奶醬，卻多了一抹鮮亮，好像連高湯和紅蔥的味道也變清晰了，卻吃不出明顯的酸味。大廚說這就叫做「平衡」，要做到神不知鬼不覺。我後來意識到，舉凡口味深沉，含泥土大地特質的食材如蘑菇、馬鈴薯、紅蘿蔔，或是脂肪含量高，容易膩口的食材如鵝肝、蟹黃，在調味時都適合加一點若有似無的酸味。油炸的食物常附上一小片檸檬，濃郁的椰汁料理常搭配香茅、南薑和萊姆葉，都是類似的道理。

再談苦味吧！純粹的苦味讓人難以下嚥，味蕾天生對此抗拒，但經過調和的苦卻有刺激食欲的作用。我的老師們就常說，越苦的食材越需重口味調和，可以多鹽多酸多辛辣，也因此在西餐裡，特別苦澀的蔬菜如甘藍（Kale）和菊苣（Escarole）等常搭配鹹肉、橄欖、鯷魚和大蒜。再如台灣人炒苦瓜時喜歡加小魚辣椒豆豉或鹹鴨蛋，都是透過多重刺激把苦感巧妙的提升為味覺的快感。

至於甜味，它具有圓潤統整的作用，可以把酸鹹苦辣融合成一氣，讓原本雜陳的五味環環相扣。也因此我平日雖不嗜甜食，在炒菜和調醬時卻時常加一點糖或是蜂蜜、果汁，為的不見得是要吃出甜味，而是尋求平衡與完整。相反的，在製作甜點時，我也總會加一小撮鹽、一丁點酸，或是一匙微苦的料酒，給味蕾留一絲若有似無的餘韻。

除了以上基本四味，科學家也於近年證實了人類的口舌能感受所謂的第五味—— umami，也就是中式烹調裡所謂的「鮮味」。鮮味主要來自一種稱為麩氨酸鈉的特殊氨基酸，以純粹化學形式呈現就是味精。但其實許多天然食材也富含同樣的成分，可以製造令人意猶未盡的鮮美效果，比如香菇、番茄、海帶與魚蝦貝類，還有發酵類食物如火腿、乳酪、醬油、魚露等等。一旦了解其中原理，下廚之人大可自行調配獨特的濃純鮮味，比方煮湯的時候加點香

菇、番茄、蛤蠣或火腿，蔬菜與麵、飯裡刨一點帕瑪森乳酪（剩下的老硬邊角可以丟進湯鍋裡一起煮），甚至做西餐時也悄悄加一點醬油來醃肉調醬，不著痕跡的增添一股說不出的美妙滋味。

近年來常聽大家把「原味」一詞掛在嘴邊，越來越崇尚清簡平淡，似乎公認那是烹調至真至善的境界。我承認淡有淡的迷人，只要食材佳美也不需大費周章，不過原味的呈現最終還是要靠調味的。如果一味堅持寡鹽少油，食材無法彰顯特質，那在我看來可是暴殄天物，所謂玉不琢不成器啊！烹飪本是文化的產物，是人類對自然的巧手再現，所以身為一名廚師，我隨時以追求那微妙平衡的調味精神自勉，也與大家共勉之。

從香菜談挑食

在那個台灣還沒有引進迷迭香、羅勒、荷蘭芹和鼠尾草等等西式草葉的年代，我所認識的所謂「香草」（herb）除了學名芫荽的香菜還是香菜——它很萬能的出現於麵線上、滷味邊、潤餅和刈包裡，那股清香似乎有神奇的去油解膩與開胃功效，可說是人見人愛。一直到長大出國留學，我才知道竟然有很多西方人不吃香菜，而且不只是不太喜歡，是厭惡到會作嘔的地步。

當時我就很好奇的去圖書館找資料，發現香菜的英文名 Coriander（美國人稱香菜的葉子為 cilantro，果實為 coriander）來自古希臘文裡床上「臭蟲」的字源，主要因為兩者氣味近似，也因此很多人對香菜有特別的反感。我那時就想：

1. 難道我那些不吃香菜的朋友們床上都有臭蟲嗎？是不是因為他們晚上不洗澡呢？
2. 如果臭蟲真的那麼香，哪天讓我抓到一隻，非把牠丟進湯裡不可。

除了臭蟲一說，我後來也聽過很多人形容香菜的味道像肥皂。「你會在好好一盤菜上刨幾片肥皂嗎？」一位厭惡香菜的朋友這樣問我。我雖然無法感同身受，但畢竟也還沒有到可以為肥皂的美味辯解的地步，所以從此請西方朋友來家裡吃飯前，一定會禮貌性地詢問：「請問你有什麼飲食禁忌嗎？香菜吃不吃呢？」

兩星期前，《食物與廚藝》的作者哈洛德‧馬基在《紐約時報》上發表專文，探討為什麼有那麼多人不吃香菜※，並解釋其實臭蟲與肥皂之說都是有科學根據的。原來臭蟲、肥皂與香菜三者都富含相似的「醛類」（Aldehydes）氣味元素，也因此那些對前兩者熟悉的人如果比較晚接觸香菜，很自然的會產生防衛性的聯想，憑本能判斷後者不宜食用。而在那些經常食用香菜的地區（如亞洲、拉丁美洲、葡萄牙），人們則很自然的接受它為飲食傳統的一部分。

　　那麼不吃香菜的人是否就永遠不可能接受香菜呢？巧的是，接受馬基訪問的氣味與腦神經專家傑‧葛佛瑞德（Jay Gottfried）剛好就是一個以前很怕香菜，現在卻很喜歡這個味道的罕見範例。他解釋說，大腦慣常以現有經驗作為判斷的基準，經驗越多，判斷的參考範圍也就越大。他說：「我以前不喜歡香菜，但我向來愛吃，也樂意嘗試不同類型的料理，因此不斷的有機會接觸到香菜。我的大腦想必是在這些新經驗的刺激下發展出了一套新的香菜氣味判別模式，這其中包含了許多與其他美味感受的連結以及和家人朋友分享食物的快樂……現在對我來說，香菜聞起來還是有點像肥皂，不過這種聯想已經退到背景裡，不再具有威脅性了，我開始欣賞它其他方面的味覺特色。如果當初我只吃一次香菜就決定從此再也不碰它的話，這種改變是不可能發生的。」

　　Dr. Gottfried 的說法真是太妙了！一方面這表示我從此可以理直氣壯的鼓勵那些討厭香菜的朋友們再給香菜一個機會，另一方面這也點明了正向誘因對於口味開發的重要性。我一直相信口味的包容性是可以培養的，而培養口味和杜絕挑食最好的方法，就是透過語言、文字、視覺效果或人為環境來營造一股對特定食物美好的聯想與期待。

　　就拿我自己為例吧！小時候我覺得蝦的模樣很猙獰，所以拒絕吃蝦，還曾經為此被爸爸狠狠的打了一頓屁股。

爸爸至今深信我現在不挑食都是因為他當年體罰得當，在此我要鄭重表示反對（負面刺激對口味開發只有負面效果）；不過老實說，我後來愛上吃蝦跟爸爸還是有點關係的。

我十歲那年，爸爸經商有成，一回心血來潮帶我們全家去吃當時爆紅於商場權貴間的「上林鐵板燒」。記得那位能說善道的陳師傅在奉上鮮嫩的鱈魚排與松阪牛之後，煞有介事的端出一盤晶瑩剔透的去殼大蝦，說是來自日本的特級「明蝦」（這還是我第一次聽到「明蝦」這個字眼）。他一面形容這蝦多麼鮮脆名貴，一面把牠們放到鐵板上用奶油生煎，而且不知怎麼的，蝦身在吱吱作響放送焦香之餘，竟然還會隨著師傅的指揮做 360° 的特技旋轉。師傅同時又說：「看在莊老闆第一次帶家人來用餐的份上，今天要給你們一點特別的 VIP 招待（這也是我第一次聽到『VIP』一詞）。」他邊說邊端出一盤蝦尾巴殼，說是要把它們用椒鹽乾煎來搭配明蝦，製造口感對比。我那天被這位手藝炫目又舌粲蓮花的陳師傅唬得一愣一愣的，不僅把明蝦吃光了，又吃了一堆「只有 VIP 才有」的蝦殼，從此對蝦類食品來者不拒。

再說我以前因為爸媽不吃羊，自己也從來不碰羊肉。二○○○年我第一次造訪北京，被我那位充滿學者氣質的老北京遠房大伯帶到東來順吃涮羊肉。點菜的時候我面有難色，很尷尬的解釋我對羊騷味的懼怕，要求是否可以只點牛肉。大伯說：「那就可惜了，這裡的羊肉是來自長城口外的小綿羊，在內蒙的草原上自由放牧，品種優良又乾淨新鮮，一點也不羶腥。師傅們選取最幼嫩的部位以手工切成薄片，燈光下透過肉片的紋理還能看到瓷盤上的青花呢！你確定不吃嗎？」聽他這麼一說，我對羊肉的抗拒瞬間就像孟姜女哭長城一樣的倒塌了，從此我的美食版圖又往疆外跨了一步。

就像香菜的肥皂之於 Dr. Gottfried，蝦子的猙獰與羊肉的羶臊在我的意識中也早已退隱，被日益強化的美好經驗取代。類似的例子我在很多朋友身上也見識過，比如說我好幾個朋友是在我家學會吃茄子的，一是因為我媽很會做「魚香茄子」，二是因為我們全家人在吃茄子的時候都會一直說「好好吃、好好吃」，以致發揮某種程度的影響力，可見味覺的好惡是有可塑性的。

　　長年下來，我學會品嚐各種各樣本來不懂得欣賞的食物──生魚片、苦瓜、大閘蟹、藍乳酪、葡萄酒……，每接納一樣口味都是一種視野的擴張與快樂的增長。我常想，世間有這麼多好吃的東西，故步自封實在太可惜了！（當然那些瀕臨絕種的東西還是別碰的好。）對於那些有偏食傾向的先生小姐，我很建議你們多交一點愛吃愛喝的酒肉朋友，多出門旅行以拓展味覺聯想範疇，偶爾看點與飲食有關的電視、電影和文章，如此一來口味自然會日漸開放，人生也有意思多了。

※ Cilantro Haters, It's Not Your Fault 原文詳見《紐約時報》網站：https://nyti.ms/2jC7c3T

一樣茄
養百種人

　　小說家馬奎斯的名著《愛在瘟疫蔓延時》裡有個有趣的小細節，說是美麗的女主角弗敏娜從小厭惡茄子，當年接受醫生老公的求婚時，唯一開出的條件就是：「只要不逼我吃茄子就嫁給你」。婚後多年有一回她無意間吃了一道口味絕佳的菜，吃完才得知那原來竟是茄子，從此觀念丕變，無茄不歡，以至她先生甚至開玩笑說兩人應該再生個女兒，取名為貝冷漢娜（Berenjena），也就是西語的「茄子」，老婆最鍾愛的字。

　　和弗敏娜一樣對茄子有偏見的人很多，我結縭六載的先生也是如此。婚前他只記得自己媽媽唯一燒過一回的茄子嚼起來苦硬如皮鞋，從此敬謝不敏，直到遇見我們這個嗜茄的家族，才終於認識了口感軟糯且飽收調料精華的茄子之美好。由此可見茄子是非常講究火候的──它在這世上沒有半生不熟的容身之地，唯烹煮軟爛方能成氣候。

　　茄子原生於印度，北傳中國日本，東傳暹羅，西傳經中東至地中海，衍生出豐富的烹飪手法與菜色。一般說來，中日兩地的茄子大多身形修長，皮薄肉嫩籽少，以油爆醬燒、清蒸、水煮的做法居多。切段入油鍋裡炸過的茄子光潤紫亮又柔軟，再以蔥薑蒜、肉末、辣豆瓣和醬醋燒煮就成為噴香下飯的「魚香茄子」。不過只要親身做過這道菜就知道，茄子入油鍋如海綿，三兩下就吸飽油脂，熱量之高讓不少人心生畏懼。

　　好在清蒸和水煮同樣能達到綿軟的效果。講究賣相的人或許會說：蒸煮過的茄子皮色變灰，不如過了油的好看

啊！關於這點大家不用擔心，曾有網友提供竅門，說只要在煮茄子的時候，上方以盤子按壓，不讓茄身浮出水面接觸空氣，皮色就不會變灰。我試驗了這個辦法，果真見效。人氣美食部落格「維多利亞的廚房」作者俏皮的稱之為「潛水茄」，對烹煮過程並有詳盡圖解。細長的茄子在滾水中沉潛十分鐘大抵軟爛，取出放涼後，可刀切成段或手撕成條，淋上醬醋麻油，蔥蒜香菜與辣椒末，立刻就是一盤開胃的涼拌茄子。

曹雪芹在《紅樓夢》第四十一回裡有一段對「茄鯗」這道大觀園特色小菜的詳細描述，由鳳姐對劉姥姥說：「你把才下來的茄子，把皮籤了，只要淨肉，切成碎丁子，用雞油炸了；再用雞脯子肉並香菌、新筍、蘑菇、五香豆乾、各色乾果子俱切成丁子，用雞湯煨乾，外加糟油一拌，盛在瓷罐子裡封嚴。要吃時用炒的雞爪一拌，就是。」這道小菜百年來撩起無限遐思，文人饕客們紛紛讚嘆其素食葷烹，粗菜精饌的江南雅趣，卻鮮少有人照譜操練（比如史學家兼美食家祿耀東在《大肚能容》一書中連續以三篇文章講述考證紅樓茄鯗，唯不談其味），令我好奇又納悶。

幾天前我終於照著鳳姐的指示用雞油炸了茄丁（我沒去皮，覺得留著紫皮比較好看），與豆乾、香菇、牛肝菌、發泡的筍乾（這個季節沒有鮮筍）和一把松仁炒香，再用雞湯煨乾，加少許糖，最後拌入幾匙陳年糟滷。如此調製出來的「茄鯗」貌似一般八寶醬，吃起來有菇菌筍丁的鮮香，雞油雞湯的底蘊，糟滷的發酵微辛，豆乾和松仁的層次口感，是標準的江南味，無需另加雞爪就讓我一口氣吃了兩碗飯。而話說回來，那茄子反倒無啥特色，如果削了皮更是想找都找不到。但這其實正是茄子的奧妙之處：它本身沒什麼味道，卻極能吸精取味，曖曖內含光。以廉價不起眼的茄子命名一盤精工好料，不啻紅樓風雅，是真正上流人家的低調作風。

離開了中土，茄子的形態也大有變化。比如泰國的茄子品種繁多，色澤有深紫、青綠、牙白、斑斕；形狀可修長或滾圓，如雞蛋或葡萄般大，常入椰漿咖哩中燉煮。印度以西所見的茄子則大多矮胖或碩大：皮較厚，肉較硬，籽也較多，所以在烹調手續上也比較繁複，常須先去皮撒鹽以除卻苦水。

　　在我看來，最懂得吃茄子的莫過於中東多事之地，包括敘利亞、黎巴嫩、約旦、巴勒斯坦和以色列、以及旁邊巴爾幹半島上的老冤家：希臘和土耳其。他們善於燒烤，常把整顆茄子在火焰上燒至焦黑，剖開後取出綿軟帶煙薰香的茄心，瀝乾水份與芝麻醬、鹽、檸檬汁調拌成泥，盛盤後淋上初榨橄欖油、洋香菜和少許孜然粉，用來沾口袋餅做開胃小菜。阿拉伯文稱之為 baba ghanoush（巴巴咖奴氏），但在此地區非阿語系的國家裡，同樣的菜色也日日以不同的名稱出現在餐桌上。另外他們會將茄子切片，與番茄肉醬層疊燒烤做千層茄派（moussaka）；或切丁與不同的辛香料油燜；或整顆從中直線剖開，塞醬肉蔬菜慢烤或燉煮（imam bayildi）……，做法變化無窮。

　　以前在紐約讀書時，我很喜歡去學校附近的幾家地中海式家庭餐館嚐鮮，不時看見希臘留學生在土耳其館子裡吃千層茄派，猶太人在黎巴嫩咖啡廳裡吃巴巴咖奴氏，不禁感嘆一樣茄養百種人，而亂世間食物凝聚人心、弭平差異的力量不可小覷啊！

烹飪實踐與
飲食書寫

　　最近看了一篇梁文道訪問舒國治的文章（《訪問》〈清貧的意義〉 2009, P156-169），內容大多是談舒國治對於小吃與飲食書寫的見解。我本來就很喜歡舒國治的文字，對他那兩本《台北小吃札記》與《窮中談吃》愛不釋手，所以對這篇訪問也格外仔細閱讀。一讀之下卻有一股說不出的不對頭，發現許多我由衷欣賞並身體力行的做菜方式受到質疑，甚至是直接否定，而我的寫作方向似乎也犯了他的大忌。由於舒國治和梁文道都是我尊敬的作家，看了這番對話讓我不禁有點難過，三思後決定在此發表一些回應。

　　關於做菜，舒先生再三強調「按規矩做就是最好的」，他說做菜沒什麼祕方，「張家的饅頭和李家的饅頭一樣都是最頂尖的，即使皇帝特別叫人家去做，也都差不了多少，因為它們本來就都是饅頭。一條剛剛抓來的魚，規規矩矩地蒸，火候對，張氏和李氏也沒有太多分別」，反之那些端出 XO 醬或是煮飯時加一瓢油的店家（這都是他舉的例子），他就很受不了，因為他們「鑽研太多」，「崇尚那些很飄渺的東西」。

　　唉，這該怎麼說呢？我同意做菜只要穩扎穩打，不偷工減料，成果絕對差不到哪裡去。所謂「規矩」就是那些基本功──好好切菜、好好揉麵、該小火慢煎的就耐心的慢煎，可以用食材熬出鮮味就別用味精……。不過我認為規規矩矩做是根本，掌握了根本以後，再因時因地做細部調整、求新求變，是一件好事。甚至到底什麼叫做「規矩」，

張家和李家的定義也可能不一樣：饅頭要用那個牌子的麵粉，加多少水，發酵多久，用發粉還是老麵……，每家的習慣都不同，口味也必有區別。如果老闆開心，想加點芝麻、紅糖、地瓜、雜糧之類的材料進麵團，我覺得也很好，畢竟不是每個人都只喜歡扎實滾圓的山東大饅頭嘛！可惜舒先生認為這太花俏，強調「饅頭不要有十幾種，白饃就好」。

再說那個最為他詬病的「煮飯加一瓢油」，我實在很為老闆叫屈（請容我細談這些雞毛蒜皮，因為我認為在做價值判斷時，了解實務很重要）。傳統中式的煮飯法的確只需要米和水，但在世界許多其他地區，煮飯向來都是先下油鍋炒一炒再加水的。別說義大利的燉飯，那太不一樣，但印度式的 Pulau 飯、印尼的黃飯、海南雞飯、甚至台灣的油飯，都是加了油調味再煮的（可以是植物油、奶油、雞油、椰漿……）。由於飯粒裹了薄薄一層脂肪，煮熟後特別晶瑩而且顆粒分明。這並不是在作怪，而是代代傳下來的烹飪方法，我自己也常在家裡變換使用，讓「飯」不永遠是千篇一律的吃法。一旦知道油對米的影響後，我認為在煮白飯時加一瓢油是很健康的實驗心態，是經過思考的產物。白水煮飯本不是什麼了不起的教條，我們也不是住在真空管裡與外地絕緣，稍微玩一玩，在小地方變化一下有什麼不好？如果不喜歡吃那種加了一瓢油煮出來的飯，下次別去那家店就行了，沒必要批評他們是在「做手腳」啊！

說穿了，我覺得舒先生就是不了解做菜的快樂，他自己在《台北小吃札記》的序言裡說到：「自美返台十六年，至今沒在家開過伙，三餐皆外食也。」難怪嘛，一個不買菜不開伙的人怎麼能夠感受下廚之人在看到當季上市蔬菜的那股雀躍？怎麼可能體會我們在外頭吃到一種新的食材或做法時，等不急回廚房嘗試炮製，進而修改納為己用的

心情？天天做一樣的菜很無聊耶！家庭主婦如是，專業師傅更如是。當然我們都很推崇那種世世代代只做一種魚丸湯或是紅豆餅之類的優良店家，但那畢竟是少數，是一種傳統社會裡不問為什麼，只能無怨無悔繼承家業的世襲態度。試問自己，你願意這麼做嗎？當我走進一家小餐館或是小吃店，我希望看到的不是一個呆若木雞的老闆一成不變的做著幾樣經驗證實他保證賣得掉的食物，而是一個對自己的手藝有信心，對工作和生活有熱情的老闆。如果老闆每天蒸五百個白饅頭感覺很充實，又生活無虞，當然很好，但如果他閒暇還想擀點蔥油餅，或是心血來潮用香椿代替蔥花，又奉上口味獨特的自製醬料，我會覺得這家店不只該常來，還要跟老闆交個朋友。

舒先生說做菜不能想太多，因為這樣做出來的菜「神跑掉了」，「距離好遙遠」，像是一個新娘在婚禮前一週每天試一種不同的妝，結果「在照相那天，你就是覺得她好怪」。這個比方打的很有趣，但轉移到烹飪的主題就有點不合理，因為烹飪本來就是具有實驗性質的。舒先生特別說：「你不能在牛肉上想那麼多」，但說實話我就是常常在想牛肉，還常捧著牛隻屠宰部位圖思考，又常跟肉販問東問西，一方面是為了研究哪個部位的肉最適合清燉或紅燒（尤其出國在外，肉品切割的方式與名稱都不同，很需要研究），一方面要知道牛隻的來源與飼養方式，以確保吃的健康又不破壞環境。這個年頭做菜和吃飯真的需要想一想，要不然我們根本不知道東西是哪裡來的。除了倫理和健康問題以外，做菜透過思考也是一種創作形式，在那些非常有天份的人手裡甚至是一門藝術。你總不會跟畫家說，下筆時只可以照著自然的形象規規矩矩的畫，如果想太多會與現實造成太大的距離吧？

舒先生還說，如果家庭主婦一次熬一大鍋高湯，「然後再放進冰箱，以後每次拿一點，熱一下」，算是一種跟

美國學來的「陋習」與「墮落」。拜託喔，不做菜的人不要講那麼多外行話好不好？！高湯要熬得好，需要時間，忙碌的家庭主婦不可能天天熬，而做菜稍微講究一點的人又常常需要用高湯，所以一次做一大鍋是最好的方法。我平常買雞習慣買全雞，回家卸下雞胸雞腿與雞翅後，一定把雞脖子雞爪和雞背骨裝袋收藏在冷凍庫，等存放了兩三隻雞的骨頭分量再熬一鍋高湯，分小份冷凍逐次使用。如果這樣節制浪費叫做墮落，我真是無言以對。

最後談談他對飲食寫作的看法。舒先生說，他寫飲食是因為年過中年，回憶過去成了一種病，但年紀輕的人就不該寫吃，他說：

「年輕人就去寫吃，病太重了吧？有那麼多的事情可以做，你幹麼寫吃？當然，你可以好好的，但不用去寫啊。也許他們其實是很希望通過一個公共話題，然後很方便的就受到大家的注意，但其實他應該鑽研別的東西。」

想想我年紀三十已過半，實在老大不小，但畢竟比舒先生小了一截，加上我自我感覺特別青春，部落格寫作又是新生代的形式，所以看了以上這個說法還是有點受傷。我今天不是要為自己的文章辯解，而是要為「飲食寫作」這個主題討個公道。我覺得，舒先生把做菜看得很刻板，把飲食寫作也看得很狹隘。其實飲食有太多方法可以寫，在中文世界裡，寫吃的文章大致分為兩類：有博學的老饕講典故憶當年，也有風雅的 Bobo（Bourgeois Bohemian）談品味，其中不乏文采奕奕又知識灼灼之士，近年來也愈發常見對土地與社會盡一份心力的著作，如謝忠道從法國的「Terroir」地緣概念反省台灣飲食文化的《慢食》，葉怡蘭下鄉走透透寫出的《果然好吃》，張詠捷以澎湖生活地誌構成的島嶼食譜《食物戀》，甚至吳音寧那本與美食無關但從吃出發，談台灣稻米農業的《江湖在哪裡》。這些著作從非常切身的經驗引出對人文土地的關懷，實在令

人敬佩。再看看英文世界這幾年發行的幾本良心佳作，如麥可·波倫的《雜食者的兩難》，泰拉斯·格雷斯哥（Taras Grescoe）的《海鮮的美味輓歌》（*Bottomfeeder*），芭芭拉·金索夫（Barbara Kingsolver）的《自耕自食·奇蹟的一年》（*Animal, Vegetable, Miracle*），每一本都引起陣陣波瀾，讓廣大讀者乃至於政要單位重新思考飲食態度與農漁政。

記得八〇年代很流行一句口號：「The personal is political」（個人的即政治的），當時主要用來討論性別議題。但除了身體與性別，還有什麼比「吃」更「personal」，更有無限的政治力量？在這個陸地濫墾濫伐、海洋物種瀕臨絕滅、農產品倍受重金屬污染、飼料場上的牛隻與雞群只能苟延殘喘的地球上，我實在不知道有什麼問題比「吃」更重要，更能激勵人們為世界盡一小份心力。舒先生說飲食作者是透過公共話題很方便的吸引注意，其實我覺得在台灣這個話題還不夠公共，吸引到的注意力也還不夠造成廣大的影響。我自己常希望能多寫一點有意義的飲食文章，但由於我大部份的時間都在買菜做菜，一個人的能力實在很有限。我認為與其等過了中年才開始關心吃，台灣需要更多有志向的年輕人投入飲食書寫的行列，從歷史地理文化科學等個個面向討論台灣的吃，進而和世界各地交流，向下扎根之際也懂得突破創新，這樣才能發展出更深入廣泛的飲食思考。

飲料的價值

　　從小我們家有個不成文的規定，就是去餐廳吃飯不可以點飲料。每次只要有服務生問我和姊姊：「小妹妹要不要喝果汁啊？」媽媽就會一面擠眼睛一面在桌子底下踢我們，所以我們姊妹倆總是認命的搖頭說：「喝水就好了。」這個規矩的起因是我爸爸有非常強烈的物價觀念，他解釋這絕對不是小氣，而是明確的掌握市場供需與勞力成本，把錢花在值得的地方。餐廳裡的飲料毛利遠遠高過於食物，有時甚至多達成本的十倍，從瓶子裡倒進杯子裡也不需要技術，所以付那個錢純粹是做冤大頭，還不如多點幾道菜。如果真的想喝飲料，爸爸說：「我吃完飯去雜貨店買給你，或是回家榨果汁給你喝都行！」

　　於是長年下來我培養出良好的自我約束力，對汽水和罐裝果汁甚至斷絕了興趣，偶爾看到別人家的小孩大剌剌的喝果汁，只會訝異他們的爸媽連這麼基本的道理都沒教嗎？長大後我養成了喝咖啡的習慣，上咖啡館念書約會是我在飲料支出上唯一的破例，當然為了那百元開銷，我也會盡量在位子上多坐幾個小時。爸爸得知我常常出門喝咖啡後，立刻送我一台非常棒的咖啡機，鼓勵我多請朋友來家裡，省得出門浪費。

　　這種情形一直到認識我的老公 Jim 之後才稍微有所改變。Jim 認為與朋友歡聚暢飲是人生一大樂事，做窮學生的時候，他寧可不吃飯，也不能不上 pub 喝啤酒。每次出去吃飯，他總是才坐下來就點一杯飲料，他覺得我在中餐廳裡堅持喝免費的茶水也就罷了，到了某些不供茶水的西餐

廳也不點飲料，不怕乾渴脫水嗎？在他的殷殷勸慰下，我終於打破從小的教誨，學著在餐廳裡點個最便宜（但在我心裡還是太貴）的冰紅茶。後來投身廚藝，不得不入境隨俗的品味葡萄酒，也慢慢的接受「餐」「飲」相輔相成、密不可分的觀念。雖然老實說，我吃法式大餐不配酒也不會感到缺憾，但至少現在我捨得花一點錢，也體認到「美酒配佳餚」的確是一種享受。

　　本以為我的價值觀已經被 Jim 改造了，沒想到碰到他的家人又受到全面衝擊。上個月 Jim 的弟弟一家人來香港玩兩個星期，住在我們家，我使出渾身解數在廚房裡變花樣，看他們吃得乾乾淨淨總是很開心得意。不過這家人除了胃口好，飲料需求量也大——兩個小孩一天喝一加侖的巧克力牛奶，兩個大人對果汁的消耗也很驚人。在家也就罷了，幾次出門吃飯，他們都是一杯接一杯的連環暢飲。小姪女在赤柱海邊頗有情調的西餐廳裡點了一杯紅莓汁，覺得太酸，她爸爸說：「那就不要喝了，改點一杯蘋果汁吧！」蘋果汁果真對胃，上桌十秒鐘已吸吮殆盡，「那就再來一杯吧！」一餐飯下來，每個人的飲料費都港元破百，我如坐針氈，從小內化的價值教條忽然沸騰澎湃，只覺胃腸痙攣、胸腔鬱結，很想學媽媽在桌子底下踢他們的腳。在我看來，每人一杯飲料算是合理，第二杯有點奢侈，第三杯簡直就是……不道德了！回家關了房門後，我忍不住對 Jim 說：「你不覺得他們飲料喝太多嗎？」Jim 笑說：「你幹嘛那麼在意？你自己不是也吃很多？」真讓我有苦說不出。

　　或許這是中西文化差異吧。上回我和兩個朋友在尖沙咀碼頭邊的一間日式咖啡連鎖店見面吃晚餐，隨後的咖啡甜點用畢後，我們繼續閒聊了許久，我忽然感到口乾舌燥，想想我們每人只花七十多港幣就占據了這張上好觀景桌一個晚上，有點過意不去，於是叫服務生過來加點一杯冰茶。服務生問我附餐是否已經上過？我說是的，她說：「那

接下來這杯要另外付錢喔！」她離開沒多久，另外一位服務生又前來，告訴我他們在電腦裡確認了我之前已點用附餐的咖啡，真的打算額外加點一杯茶嗎？要不要考慮喝水呢？

我說：「喝水也好啊。」

「OK，那我馬上幫你們倒水。」從此那杯冰茶就像沒人提過。

我很驚訝的對朋友說：「她們為什麼就是不讓我點茶呢？」

朋友說：「因為你已經喝了一杯飲料啦！我們香港人通常不會另外多點的。」

我想爸爸聽到了應該很欣慰吧！

我的
廚具戀物癖

　　我向來對實用的工具和小玩意兒有癖好，沒事就出門或上網看看最近有什麼新玩具，在比較各家產品的外型、功能、手感和定價之間獲得巨大的滿足。這種戀物傾向在我開始研習廚藝後發揮到極致，秉著實用需求之名大刀闊斧，幾年下來累積了好幾個櫥櫃都塞不下的鍋碗瓢盆，材質從竹子、木頭到陶瓦、鑄鐵、大理石、不鏽鋼、矽膠、鈦金屬、黃銅等等，一一俱備。我的腦子裡隨時有一張欲望清單，每逢大減價就下手，買了名牌廚具時有種登堂入室的歡喜，尋得好用的雜牌則為自己的識貨感到驕傲，總之是名正言順，比買衣服要理直氣壯得多。

　　好在多年下來也不曾嚴重失手，拎回家的大小廚具都有各自受寵的理由。比方說講求效率的時候，我會用食物處理機做青醬；而心情閒適的時候就可以端出大石臼，一點一點用石杵搗磨羅勒、松子和大蒜。開櫃子時看到手搖壓麵機會讓我忽然想做新鮮麵條，噴火槍讓我想吃焦糖布丁，釉色鮮艷的鑄鐵鍋讓我想燉一鍋肉，竹蒸籠提醒我該做包子、饅頭了……。若問這些器具是否真的不可或缺（非得用壓麵機做麵條嗎？一個小家庭需要二十幾個鍋子嗎）？答案當然是否定的。不過這些器具各有所長，提供了許多做菜的動機與靈感，就像在菜市場看到剛上市的蔬果一樣，讓人忍不住想待在廚房。

　　但即便戀物如我，還是有很多新穎的廚房器具我是不碰的。我家裡有個抽屜專門掩埋這類「沒用的小玩意兒」，全部都是好心沒好報的親友送我的禮物，其中包括有滾輪

狀刀片的「切香草器」（我用刀子切比較快）、專門夾蘆筍用的人字鉗（Why？）、有馬達的切肉電鋸（誠心希望我烤出來的肉沒有硬到那種程度）……

在廚具店裡，我看過更多匪夷所思的工具，其中最愚蠢的莫過於切洋蔥時為防止流淚用的「蛙鏡」，還有形似半截香蕉的塑膠器皿，可以把吃不完的香蕉裝進去防止氧化（誰這麼無聊啊？）。另外，我也不知道是怎樣的人在買蝦仁去腸器、櫻桃去核器、草莓去蒂器、蘋果削皮器──若非開罐頭工廠，有這個必要嗎？

記得在廚藝學校時，有一回義大利來的客座大廚亞歷珊卓在校園裡設宴，我和幾位同學自願跑去當助理。報到完畢，大廚問我們：「你們裡面哪個人可以很快的把馬鈴薯切成厚度均勻的薄片？」一位同學代替大家回答：「報告大廚，我們有切片器（Mandolin Slicer），所以每個人都可以很快的切出你想要的薄片。」大廚聽了非常不屑的說：「我是問誰可以用刀子切，不是誰有切片器。」我這才意識到原來「成果」和「技術」是兩回事，心裡咒罵她存心刁難之餘，也懊惱自己的刀工不夠好。

所以說，這些廚房小幫手的價值是見仁見智的。我瞧不起草莓去蒂器，這在大廚亞歷珊卓看來是五十步笑百步；而我心愛的各色鍋具在那些「一把菜刀走天下」的廚師眼裡，想必也是多此一舉。真正技術高竿的人憑自己的感官和雙手就可以千變萬化，廚房配備根本不需太多。

廚師作家波登在他的《廚房機密檔案》裡說，如果你切蒜頭非得用蒜頭壓碎器（garlic press），「你根本不配吃蒜」。這句話說得有點狠，因為我至少知道茉莉雅‧柴爾德就很愛她的蒜頭壓碎器，曾在電視上興奮的高舉讚揚。兩年前我姊姊也送了我一個，做菜時整顆蒜連皮一壓就變成蒜末，的確很方便。不過老實說，我和波登一樣喜歡用刀背拍蒜去皮，然後連刀切片、滾刀切末的備菜過程。我

發現凡事慢慢來有慢慢來的樂趣，慢久了自然會變快，那就叫做技術，是很有成就感的。

　　至於廚房裡的裝點布置，英國著名飲食作家——伊利莎白·大衛（Elizabeth David）曾在一篇文章〈夢想的廚房〉裡說到：「我不要一大堆『酪梨綠』和『鮮橙黃』的物件在廚房裡。只要有一盤酪梨和鮮橙就好了！」因為「如果食物和常用的鍋碗瓢盆本身不能提供足夠的視覺效果，為廚房空間創造有趣的圖案線條，那麼一定是出了什麼問題」。我讀之極為受教，立刻把廚房裡那些雜七雜八的物件收拾乾淨，從此立志精簡為之。

　　話說前幾天我出門逛街又不小心走進廚具店，在琳瑯滿目的陳列櫃前逗留多時，最後竟然沒有一樣東西想買——不是家裡已有類似的配備，就是想得出用別種簡陋的方式達到同樣的效果，而且老實說櫥櫃也塞不下了。我按捺著購物欲空手走出店家，心裡有一絲小小的落寞，只好以鍛鍊技術和食物至上來勉勵自己，朝廚藝的山峰邁進。

甩鍋子

　　長久以來，我對於甩鍋子這件事情充滿了羨慕與不屑。羨慕，是因為在爐火前單手拋起食物的動作看起來很帥很專業，但老實說，我一直覺得這個動作除了好看，並沒有太大的必須性，畢竟要翻炒食物有鍋鏟就行了，少了手腕的抖動耍帥，菜並不會比較難吃，也因此我一直沒有花心思練習這項「雕蟲小技」。

　　我見過許多廚房裡的年輕小伙子，上了爐台就像平日抖腳一樣不能抑制的甩鍋子，似乎以為甩得越多越高就越有男子氣概。好幾回大廚因此開罵，訓斥年輕的廚師說：「Stop jerking！你這樣甩個不停，鍋裡的菜哪有機會受熱？」這時我通常會感到一股莫名的安慰，心中暗爽並恥笑那些小伙子半瓶水響叮噹。

　　但不屑歸不屑，自己甩不了鍋子，永遠只能喊葡萄酸。這一陣子以來，我有比較多的機會必須在人前做菜，而每次到了需要翻炒的當下，我總是為自己無法輕鬆拋甩鍋子的殘疾感到羞恥，覺得無臉自稱專業。前不久看了日劇《料理新鮮人》，有一回新入廚的菜鳥男主角因為手忙腳亂頻頻出錯，被罵得躲到牆角自暴自棄；好心的副主廚告訴他：「你的動作太多了……看看人家香取（負責義大利麵的資深廚師），他每個動作都剛剛好，完全不浪費力氣。」這時鏡頭轉到綁著頭巾專注做菜的香取，他的爐台前擺了一排煎煮各色菜餡的平底鍋。只見他左手一一舉起鍋子，每個輪流拋甩兩三下，右手同時撈起煮好的麵條，倒麵淋醬，舉手投足都是韻律感。電視機前的我終於恍然大悟——原來

甩鍋子的目的不只是要帥，而是為了用最少的動作達到最大的效益，在有限的時間與精力中尋得肢體和鍋子的完美平衡。

傻大姐名師茱莉雅‧柴爾德曾在她一九六○年代的黑白電視節目「The French Chef」中告訴大家，甩鍋子必須要有「相信自己的勇氣」（the courage of your conviction），話說完她深吸一口氣，舉起鍋子試著翻轉馬鈴薯薄餅，結果不幸破碎四散。她旋即把掉在鍋旁的碎塊撿起丟回鍋中，一臉尷尬又鎮定的說：「我剛才就是勇氣不夠……不過破掉的部分還是可以塞回去，誰會看到呢？要學會甩鍋子，唯一的辦法就是不斷的練習。」這是經典片段，很多人因此愛上她。

另外，茱莉雅也在她的食譜上建議，初學甩鍋的人可以在鍋裡裝乾豆子練習。據說她的編輯——當時很稚嫩但後來叱吒出版界的茱蒂‧瓊斯（Judith Jones）看了食譜初稿後，迫不及待的在陽台上甩鍋子，結果次年春天，隔壁的屋頂上長滿了豆芽！

我沒有陽台，只好在廚房裡練習，一個鐘頭下來，趴在地上撿豆子的時間比甩鍋子的時間還多。懊惱之餘我上網尋求祕訣，在Youtube找到一個教學短片。短片中甩鍋子的畫面清晰詳盡，女聲旁白穩重如新聞播報員，配上圖表，嚴肅得有點蹊蹺不真實，讓我以為它是個整人搞笑片，頻頻等待爆笑場景的發生，結果五分鐘的影片看完，竟是貨真價實的技術教學。

影片中他們同樣採用乾豆子練習，但最可貴的是加入了運動方向的箭頭圖解。原來所謂甩鍋並不是單純的上下拋甩或前後拉扯，而是三個動作的連貫，包括前推、上拋、後扯。前推時，鍋中離你最遠的食物首先碰到斜坡狀的鍋緣，這時一個上拋和後扯的動作會使得觸碰到鍋緣的食物向後滾翻，彈跳到鍋子的中央部位。而原本在鍋子中央的

食物現在被擠到遠距離的後方，只要再進行一次「推拋扯」就會彈跳回來，如此反覆，通常連續拋甩三到五次即可以完整翻轉鍋中所有的食物。

我依指示練習，果真大有開竅之感，雖然不知怎麼的鍋裡的豆子越來越少，那些留下來的豆子卻的確學會了後滾翻。反覆練習幾天下來，我的手臂從痠痛、顫抖、麻痺，到逐漸平穩壯健，鍋裡的食物也翻得越來越靈活。這陣子我沒事就炒飯、炒麵，煎小丁細絲。加了熱油的食物沒有乾豆子那麼滑溜，翻炒起來安穩許多，配上噴香的煙霧、火舌與吱吱聲響，我的心臟好像也跟食物一起彈跳，在拋起的瞬間享受飛躍的快感！雖然偶爾我「相信自己的勇氣」有一點過盛，引來米粒和洋蔥飛濺灼身，但相信假以時日，我也可以穩健的左手甩鍋右手淋醬，像孔雀開屏一樣的在爐台前迷倒眾生。

豌豆、蠶豆、毛豆 ————

　　自從兩年前定居上海以來，我對於青蔥翠綠的食材就
染上了一股狂熱。刻板印象裡，上海本幫菜盡是濃油赤醬，
不管肉啊魚啊豆腐烤麩什麼的都加大量的醬油與冰糖紅
燒。或許正是為了調節這股濃郁暗沉，上海人其實對翠綠
的菜色也情有獨鍾：比如薺菜豆腐湯，馬蘭頭拌香乾，雪
菜百頁等等，都是萬綠叢中配點瑩白，清淺調味不加醬油
的清爽料理。而談到翠綠，什麼也比不豌豆、蠶豆和毛豆
那麼色澤鮮嫩——天涼的時候看了就翠堤春曉，天熱的時候
一吃就神清氣爽。

　　彷彿是老天爺特別安排的一樣，這三種豆子剛好輪番
上市，從春初到夏末不虞匱乏，我每回總是連殼帶莢的至
少買一斤。菜場裡常有已經剝好的，價格比帶殼的貴五倍，
實在沒有必要。畢竟剝豆子是不假思索就能上手的簡單勞
動，一個人獨自剝，頗有打坐靜思之功效；幾個人圍桌同
剝，則促進情感交流與話題流轉。剝好的豆子放在密封袋
裡，吃的快就冷藏，慢慢吃就冷凍。其中唯一有點麻煩的
是蠶豆，因為它除了豆莢，每顆豆子外還包覆著一層半透
明的厚膜，不只口感粗硬，也有損美觀，好在只要稍微入
滾水燙一下再沖涼，很容易就可以將裡面碧綠的豆子給擠
出來，比生剝容易得多。新鮮剝好的毛豆也帶有一層薄膜，
甚至一點白白的毛邊，這倒沒有必要徹底剝除。我第一次
試著剝毛邊時，被家裡幫忙的上海阿姨笑說不識貨，原來
那毛邊非但不影響口感，還是內行人注重的新鮮標誌，只
有冷凍過的次級貨才光溜溜的。

三種豆子的口味各有千秋：豌豆清甜，蠶豆鮮香，毛豆溫潤。回想我生平第一次了解什麼叫做「精緻」，就是大學時有一回與爸媽一同作客，在台北當時的「敘香園」江浙館裡吃到它們的「雞絲豌豆」。菜上桌時只見盤中滿滿堆著米粒大小的青翠豌豆，雞絲只有點綴性的幾條，卻要價七百多元。我滿心納悶的舀了一匙，入口是前所未感受過的脆、嫩、甜。仔細看看，每顆豌豆雖迷你卻豐潤飽滿，像蝌蚪一樣帶著俏皮的尖尾巴，又被雞油炒的晶亮，與平日常見那種和玉米與胡蘿蔔丁一同冷凍袋裝、一身皺摺的乾癟之物簡直天壤之別。我這才意識到，要剝出一大盤極鮮極嫩的豌豆是多麼花功夫的針線活，而且它每年只有初春吃得到，比什麼大魚大肉都珍貴。

　　與豌豆比起來，蠶豆的味道強烈得多，一般人美其名說它「清香」，其實我覺得它是「臭香」，是新鮮之物中少見帶有微微發酵，近乎臭豆腐氣息的食材，也難怪正宗郫縣豆瓣醬非得用蠶豆製作，否則那股發酵的鮮味不能發揮的淋漓盡致。有一回我用地中海式的做法把煮熟的蠶豆和大蒜與橄欖油搗成泥，以鹽、胡椒和檸檬汁調味，用來做麵包沾醬，一個常吃高檔美食的朋友嚐了驚異的說：「怎麼有松露的味道？！」顯然就是聞到了那股迷人的臭香。

　　上海人管蠶豆叫「豆板」，因剝了殼的仁子為板狀而得名，最常見的應用是「豆板酥」，做法很簡單：起油鍋以中火炒香剁碎的雪菜，然後加入剝好的豆板炒勻，稍微加點水、糖、蔥薑末（鹽可省略或用極少量，因為雪菜本身已夠鹹），拌炒三五分鐘，用鍋鏟稍稍把豆板壓碎，起鍋前加點香油即可。這裡的人喜歡吃豆板酥下飯，我個人倒是研發了一個創意吃法：拿豆板酥墊底，襯托清炒蝦仁、煎帶子，或清蒸黃魚之類的河海鮮，不僅味道頗搭，一人一份的西式擺盤也總讓人眼睛一亮。另外燒菜飯或煮番茄蛋湯時也可以加點豆板提鮮增色，總之用法無窮。

三種豆子中以毛豆的生長季節最常——從端午到中秋，也因此在上海的家常菜中最具代表性。[※1] 除了最常見的鹽水毛豆之外，上海人也喜歡吃「糟毛豆」，做法是把豆莢兩端剪個小開口，煮熟後連莢一起浸泡在由陳年酒糟提煉出的透明「糟鹵」中，冰箱裡擺隔夜，就成了和醉雞一樣鹹鮮，卻更清爽的夏日開胃小菜。另外，我家阿姨最愛吃鹹菜[※2]毛豆，每次炒一大盆（做法和豆板酥差不多，只是不用壓碎，也可以加點辣椒），拿來泡飯拌麵夾饅頭都好。阿姨說她每回開冰箱只要看到鹹菜毛豆，就忍不住來碗泡飯（加剩飯和開水），所以人家夏天狂瘦，她卻是腰圍漸寬終不悔。

最後跟大家分享一個阿姨的拿手私房菜——毛豆蒸雞。取一隻三斤不到的童子雞，洗淨後全身抹一層薄鹽與紹酒，肚中塞一把剁好的毛豆，兩片薑，幾片薄切的金華火腿，放在碗中入蒸鍋大火蒸三十分鐘，保證湯清肉嫩毛豆鮮美。

若以西式手法烹調，三種豆子都適合與橄欖油、檸檬汁、蒜泥、以及薄荷葉或蒔蘿涼拌，加適量鹽和胡椒調味。以上同樣的食材中再加入無糖原味優格，入果汁機打成濃稠汁液，冷藏後即是消暑又賞心悅目的冷湯。

近月來在微博和臉書上都有人問我，「為什麼那麼常吃豌豆／蠶豆／毛豆？」，故作此文以回應之。

※1 很多人不知道，其實毛豆曬乾了就是黃豆，所以在英文裡兩者同稱作 soy bean，國外餐飲界慣常以毛豆的日文名「edamame」作為區別。
※2 所謂鹹菜就是比雪菜發酵更徹底，顏色已轉黃，味道也更濃，近乎酸菜的醃製品，通常由芥菜製成。

不景氣的
滋味

　　過去在美國生活多年，一直很不習慣在正餐外吃洋芋片和餅乾、冰淇淋之類的生冷零食。我常想，如果口饞時能在街頭巷尾隨便吃碗熱呼呼的米粉湯，或是買個韭菜盒、生煎包有多好呢？長年惋嘆不得周邊美國友人理解，這回隨夫返鄉探親，卻讓我在奧勒岡州的波特蘭城，驚喜尋見新興的美式路邊攤文化。

　　這些路邊攤以餐車的形式，停靠於市中心許多露天停車場的周圍，有搶眼的看板和五顏六色的車身。最難得的是，他們跳脫了熱狗、爆米花之流的傳統餐車侷限，從越式河粉、泰式咖哩，到手工小漢堡、酥皮餡餅、燉飯、麵疙瘩等等，種類之多與賣相之好，讓人不知從何下手。

　　我先在一家西班牙式的小吃餐車前，點了一碗辣香腸燉蘭豆配酥炸南瓜球。窗內狹窄的空間裡有專業的爐台，老闆甩鍋子和撒鹽的身手也乾淨利落，完全是資深廚師的架式。閒聊下得知，這位老闆之前從事餐飲外燴，兩年前因公司裁員而離職，先到西班牙旅行並研習當地飲食，返國後開始經營小資本的餐車。一年下來他已累積了不少固定客源，平日還透過 Twitter 以微網誌的方式，向老顧客宣布最新流動據點與促銷新菜，完全顛覆我對「路邊攤」的既有印象。

　　隔壁賣濃湯的餐車有粉紅和淡綠的車身。窗口的黑板上宣稱，他們一律使用本地有機食材。對街賣義大利麵的攤位也於餐牌上標示：「我們是流動型的義式小館，不是速食店。由於一切手工現製，請耐心等候。」再往街角走

幾步，車內的老闆隱約正在讀書，見我們停步，探頭出來打招呼。戴著厚框眼鏡和毛織帽的他，看來像個混咖啡館或唱片行的小知青，沒想到竟在此賣烤牛肉三明治。

前一陣子聽人笑說：「波特蘭是年輕人去退休的地方。」無疑是調侃此地知名的高失業率，和蓬勃的另類文化。其實我看這裡的青年男女並非遊手好閒，而是有強烈的自給自足情操，喜歡自己做老闆，從事非主流的創意產業。

在飲食上，奧勒岡州有發達的精緻農業，和為數領先全球的小型啤酒釀造廠，威廉瑪特河岸的葡萄酒莊，更是以小而美聞名。這兩年遇上經濟不景氣，許多餐飲人才投身經營餐車，把好山好水孕育出的好酒好料帶入小吃，薄利多銷之餘也講究手藝和個性，為路邊攤增添了一股另類搖滾般的酷勁。瞧瞧 Yelp 網站上的餐飲評鑑，波特蘭前廿名的「餐廳」裡，竟有十家是餐車呢！

有趣的是，當小吃走向精緻化的同時，全球高檔餐飲業也反向的出現了平民化的趨勢。這幾年由於大環境蕭條，星級名廚紛紛經營起實惠的小酒館，眾家美食雜誌的內容更是愈發偏向家常。大家都往中間站的結果，對我這種愛吃又不捨得花錢的小中產階級來說，不啻好事一椿。

零下二度的陰冷一月天下午，我們一家三口在波特蘭的街頭拎著大包小包的吃食，逆著風跑回車子裡避寒。關上門打開紙盒，熱氣蒸騰霧溼了車窗，蒜香、肉香與菇菌香瀰漫……不景氣的滋味，竟是如此美好！

吃在當地，一樣有創意

　　我剛到香港知名的 Amber 餐廳做學徒時，曾忍不住問荷蘭來的大廚：「為什麼我們用的生鮮食材幾乎全是歐洲進口的？這樣成本不會太高嗎？」

　　大廚無奈的回答說，其實他早先接下這份工作時，本也滿懷壯志的想採納當地食材做創意變化，比方用法式手法呈現附近海域的石斑魚，結果並不受歡迎。調查後發現，原來客人們花大錢上置地文華酒店的法國餐廳，就是要吃「純正的法國菜」，所以他們寧可以天價單點空運進口的多佛鰈魚、多寶魚、地中海鱸魚，也不要吃此地常見的新鮮海魚。幾番掙扎後，大廚乾脆全盤引進他在歐洲熟悉的上好材料，連蔬菜、水果幾乎都是以本地幾倍價錢買來的法國和荷蘭貨，反正方便自己也討好客人，一個願打一個願挨嘛！

　　當然除了追求奢華享樂之外，也有許多人購買進口貨的出發點是純樸良善的，只可惜在我看來還是有點矯枉過正。比如我之前有位鄰居為了支持「有機」，寧可去超市花十八元港幣買一小株泛黃半萎的澳洲進口有機香菜，也不要附近菜市場裡兩塊錢一大把的本地新鮮貨。另外，我常見許多外國太太們在超市裡搶購四片定價一百六十八港幣的美國進口有機雞胸，對五十元一隻的華南土雞卻視若無睹，讓我在為他們的荷包痛心之餘也無限感慨。

　　其實有機耕作的本意除了照顧食用者的身體健康，有很大的目的是為了減少化肥與農藥對環境造成的污染碳化。如果為了堅持有機而一味購買由遠處運來的食品，光

是運輸用的油燃料消耗就足以抵銷原本保護環境生態的美意。況且生鮮食物經過長途運送，碰撞受損不說，營養和新鮮度也大打折扣，味道往往比不上本地的同類食材，反而得不償失。

兩個月前我從香港搬到上海，一開始對大陸所謂的「黑心食品」有許多顧忌，以為從此非得忍痛購買進口食材，放棄我向來力求吃在當地也盡量顧全有機的原則。幾番尋訪奔走後發現，其實此地也有許多非常優秀的食材。

市郊一帶如松江、奉賢和浦東外圍於近年開闢了不少有機農家，中西式瓜果香草選擇繁多，市區內也不時有小型的有機農夫市集。小菜市場裡有傳統堆肥種植的蔬菜——杭白菜、雞毛菜、薺菜、毛豆、萵苣……，光是買來拎在手上都讓我過足了江南婦人的癮。乾貨店裡有金華的火腿、天目山的扁尖、黃山的黑木耳，或是更遠一點如寧夏的蜂蜜、新疆的紅棗……，處處可見歐洲人講究的「terroir」風情——也就是地緣、氣候、土壤與人文歷史交織後對食材的獨特影響，讓我這個熱愛變花樣的廚子看了躍躍欲試，撩起許多對傳統的遐思與新鮮的靈感想像。

前陣子我聽人介紹，說上海新開的 Madison 餐廳裡有位紐約來的華裔主廚是個勵行吃在當地的「locavore」，一切食材幾乎都是主廚本人在中國各地尋尋覓覓得來的，如大連的和牛、內蒙的羔羊、舟山一帶的海魚等等。這消息讓我看了眼睛一亮，跑去品嚐後更是大呼驚艷——沙拉裡有茼蒿和豇豆，前菜裡有雲南的橄欖和上海當地製作的馬茲瑞拉乳酪，去骨的本地三黃雞煎得香脆酥嫩，配菜裡有一般西餐裡從來見不到的龍豆……，一切吃起來新鮮又搭調。所以誰說進口的一定比較好，做西餐又非得用「正宗」西式材料呢？用心選擇的吃在當地不只支持本地農業並減少運輸消耗，可也是開闊口味、發揮創意的好機會啊！

ㄇ型社會

　　前幾年台灣人很流行套用日本趨勢大師大前研一的術語，說我們已進入貧富懸殊的 M 型社會，中產階級面臨消失的危機。這從宏觀的經濟角度看來或許有點道理，但如果純粹看飲食文化，我倒覺得台灣的中產階級生氣蓬勃，前景無限。

　　跨年期間我回台灣幾天，每日出門用餐都感覺非常舒服享受，因為所到之處都有最起碼的整齊清潔與友善服務，街頭巷尾也越來越多舒適漂亮、風格獨具的咖啡廳、小餐館，我每一家看了都想進去，而且買單的時候很少有那種心頭抽搐的刺痛感。

　　在香港住了幾年，我深深感受這裡的餐飲才真正呈現 M 型。尚且不談好不好吃，光在空間的運用上，就因為租金地價特高而展現非常懸殊的差異：稍微舒適寬敞的地方保證所費不貲，基本上是吃飯兼付時租；平價的餐館通常沒什麼裝潢，但不論好不好吃全部人擠人（很多都打領帶或拎名牌包呢），排隊老半天還得和人併桌，所謂的「卡座」都窄得不得了，大概意指卡住不得動彈的座位吧，而且一吃完馬上得走人。總之不是以價制量就是以量制價，沒有太多折衷地帶。

　　不過這裡的高級餐廳真的很高級，中餐廳材料珍稀，做工精細，西餐廳也多半有國際水準，食材和大廚往往都是進口的，拿到帳單時如果誤以為是台幣會覺得還算合理，等驚覺港幣的價值是台幣的四倍時，後悔已來不及。

　　香港的廚師非常專業敬業，在高級餐廳裡工作的人員

尤其訓練有素，但他們學了一身功夫還是得做人家的夥計，因為創業的成本實在太高了，光是租金就付不起。我問過好幾位身邊的廚師是否有開店的意願，他們說當然有啊，但除非開一間低成本高流量、不講究座場與檔次的小吃店，否則是沒有創業的本錢的，所以就別想了。或許因為如此，這裡的餐飲業由財團與金主把持，稍微像樣點的餐廳大多隸屬屈指算得出的幾家餐飲集團，連咖啡店都被國際連鎖公司壟斷，少見有特色的獨資店舖。所以別說廚師，就算是拿高薪的白領階級想跨行投資餐飲都難免捉襟見肘，一旦失敗很難東山再起。

台灣則恰恰相反，人人都想當老闆，到處都是「風格咖啡屋」、「特色餐廳」、「品味民宿」（我好多香港朋友都說想到台灣開店）。這種創業風氣的弱點是欠缺專業性，很多人一招半式闖江湖，邊做邊學。他們的餐飲可能良莠不齊，但畢竟不像連鎖店一樣制式呆板，不受限的狀況下很適合發揮創意，日久下來也出了不少頗有水準風格的人氣商家。此外，許多底子深厚，食物水準禁得起考驗的老飯館和小吃店近年來也越來越注重門面與裝潢，一旦翻新了粉牆、桌椅與燈光，整個環境都亮眼起來，客人們不用付大錢也可以在舒適的空間享用美食。即便吃不到國際名廚打造的星級大餐，小市民的用餐環境與素質在我看來大大勝過香港一般民眾。

如果談餐飲經濟，我說台灣已進入ㄇ型社會，是中產階級掛帥的美食天堂。

舌尖的台灣味

　　所謂「文化」，在人類學裡的定義從來就不限於奇風異俗或音樂藝術之類的特殊活動，而是那些像水之於魚兒、空氣之於人一樣貫穿生活每一部分，被視之為理所當然的脈絡根本。正因如此，人們往往必須跳脫生長的環境，透過外人的眼光和比較，才能體認自身文化的特殊性，飲食習慣和口味也不例外。我近二十年來陸續居住美國、香港、大陸與印尼，每個地方都不欠缺中菜，卻是越吃越想念台灣，也因為多方比較，舌尖和心底漸漸凝聚了對所謂「台灣味」更清晰並寬廣的體悟。

　　比如說我待過香港和東南亞華人圈後才知道，原來在華南魚米之鄉，一般人果真不常吃麵食，即使偶爾來碗湯麵、炒麵，那麵條本身總煮得軟軟爛爛，沒有嚼勁可言；餃子是像蝦餃那樣的水晶澄粉皮，包子是像叉燒包那樣的甜味泡打粉軟包，更別說饅頭、大餅、刀削麵什麼的了，因為根本沒有！相較之下，台灣在一九四九年後湧入的外省族群帶來了華中華北的飲食習慣，加上戰後美國大量援助麵粉，豐富的麵食文化就在獨特時空下移植入亞熱帶的台灣，從此發芽茁壯，與閩南飲食交融共生。直至今日台灣滿街仍見燒餅、鍋貼、蒸餃、蔥油餅、韭菜盒、生煎包……，麵皮的軟韌筋性不輸大陸發源地，只是情境上少了點北方塵土飛揚和大聲吆喝的豪邁勁兒，且店家常附上一匙台式醬油膏，吃的時候搭配炒米粉和魚丸湯也不足為奇。

　　另外常有大陸朋友問我：「你們台灣人怎麼會吃辣

呢？」他們有所不知的是，台灣人的味蕾早已包容大江南北，川湘和客家味都深入民間，與江浙和本省口味混合在一起。於是雖然我們也用豆豉、辣椒、腐乳和豆瓣醬，最後燒出來的同名菜色往往醬色淺一點，油鹽少一點，醋味沒那麼嗆，而且少見花椒、孜然和乾辣椒，多了一分糖和薄芡。更大膽一點說，我覺得台灣的外省菜系都有點「傅培梅」味，也就是那半世紀前透過電視傳播普及海內外，由遼寧籍山東媳婦在台灣慰勞江浙牌搭子和軍眷子弟而發展出的大中華家常菜。

除此之外，台灣街坊間所謂的西餐也舉世無雙，比如鐵板牛排加黑椒醬配炒麵和雞蛋，還有美而美系列的蔥花豬肉漢堡等等。我在國外碰過很多鄉親對這些「西餐」的想念甚至勝過正宗台菜，畢竟華人多的地方通常找的到台菜小吃，但台式牛排漢堡可不常見！這就像許多印度人出了國特別想念「滿洲雞」之類的印度式中菜，美國人到了中國遍尋不著「左公雞」和「甜酸肉」一樣，因為那其實是獨特的印度味和美國味啊！

話說回來，我味覺深處最純粹不受外界干擾的台灣味，是鹹鮮如海水的滾燙清湯（加幾滴香油，撒點白胡椒、油蔥和芹菜花），也就是街頭巷尾每個麵攤都燒一大鍋用來配貢丸或擔仔麵的百搭清湯。想家的時候我常給自己舀這麼一碗湯，而如果想要口味再重一點，我會在湯底加點沙茶醬，勾個芡，淋上烏醋、辣油，撒把香菜，魷魚羹的味道立刻浮現，我的心也就暫時回家了。

台灣菜的競爭力

　　前幾天與友人聊天，對方語重心長的說：「台灣人以前自認包羅了大江南北的菜系，但現在中國興起了，他們各省的地方菜做得自然比我們道地。比較之下，台灣飲食的競爭力在哪裡？台灣菜又究竟是什麼呢？」

　　我想，從以前到現在，其實多元並蓄一直是台灣飲食的獨特魅力所在。

　　過去三年我旅居香港，深深感受到這個國際大都會在異國餐飲方面果真應有盡有，但談到中式菜系，卻很明顯地是個華南城市，以廣東和潮汕口味稱霸，其水準自然不在話下。但苦惱的是，愛吃辣的人走遍全城也找不到幾家像樣的川菜館；如果想來點有嚼勁的麵食，更是得踏破鐵鞋，或乾脆在家裡自個兒擀麵。

　　這種情形在中國大陸也很明顯，每個地方的人通常只吃那個地方的菜。即便是最靈光通達的上海人，日常用餐也難得逾越本幫與江浙菜的傳統。這當然沒什麼好壞對錯，甚至可以說是最自然的狀態。但比較起來，台灣人因為長年受到族群遷徙融合的影響，口味明顯的雜而廣泛。賣包子、饅頭、刀削麵的店家往往與米粉、碗粿、肉圓並列一條街，來客也不分族群，管你祖上是山東、客家還是台南。不同的飲食傳統顯得稀鬆平常，因為完全被我們的肚子給內化了。

　　文化純粹論者或許惋嘆世風日下，菜餚愈發欠缺道地。但我總覺得，如果為了一個「道地」，硬把口味凝結在某個時空，未免有點畫地自限，因為食物和人一樣，是會隨

攝影／smcego

著時代與情勢演變的。為此，我們的江浙菜沒有上海吃到的那麼醬色深濃，我們的川菜也沒有四川吃到的那麼辣、那麼油，甚至所謂的「川味牛肉麵」也創始於台灣，總之就是本土化的外省菜嘛，很通情達理啊！其實就連什麼算得上台灣代表性食物這件事，也不斷的在改變。廿年前，誰想得到台灣的「珍珠奶茶」會流傳到世界各地，還偶爾附帶賣些「大腸包小腸」這種聽起來很奇怪的小吃呢？

所以我認為，與其在大陸興起的當下跟人家打道地，或是回歸狹義的本土，只承認閩南與原住民的傳統菜餚為正宗台灣菜，還不如自自然然的擁抱我們的多元背景。且看當今全球美食界很受矚目的「加州菜」與「澳洲菜」，都是族群融合下的產物——它們主要以豐富的本土食材為依歸，再擷取歐亞各地的烹調與搭配手法，呈現出符合地緣、時令又有原創性的飲食，還造就了好幾個世界知名的大廚。回頭看台灣，我們的農產品本來就以種類和品質傲視全球，如果同樣以本土的優秀食材為取向，並善用我們開放的味蕾和豐富的烹飪傳統，哪裡怕做不出有代表性的台灣菜呢？

近半年以來我住在上海，發現這裡到處都是台灣人開的餐廳。「永和豆漿大王」裡賣刈包也賣小餛飩，「鹿港小鎮」賣三杯雞也賣水煮牛，菜色的種類其實頗繁雜，卻很清楚的讓人知道他們賣的是台灣菜；一來因為口味總有那麼點兒不一樣，二來因為他們清潔便利的小康形象很鮮明。再看十里洋場裡的老外特別愛去此地的「鼎泰豐」吃小籠包，而且多半認定那是台灣菜，可見一道菜在人們心中隸屬哪個菜系，有時與傳統淵源沒有絕對的關係，反而深受周邊氛圍的影響。如果台灣菜能一直與細膩的品管、舒適的環境和親切的服務畫上等號，哪裡怕沒有競爭力呢？

中菜的
國際新時代

　　去年秋天我們一家去卡羅萊納的山區渡假探親，趁機大啖美國南方特有的薰烤肋排、炸雞、奶油比司吉、山核桃甜派⋯⋯，確實樣樣美味，不過連續幾天下來還是把我膩得發慌，非找些中式熱炒來振興胃口。唯南方不比加州、紐約，走了數十公里，公路邊上看到的中餐館都是招牌寫著武打樣板字體的吃到飽自助餐，門窗上不時貼著當地小報的評價，如：「全區最好的甜酸肉！」稍有自尊的炎黃子孫是走不進去的。

　　奇怪的是，我們所拜訪的每一個小城鎮在市區最繁華的大街上都有一兩家「日本／泰國料理」，裡頭的卡座格局顯然沿襲舊日的美式中餐廳，只是櫃檯上多了個招財貓，龍鳳呈祥的壁飾換成泰國佛像。菜單分左右，日泰各一邊。跑堂的全講中文，廚房裡煮青紅咖哩和壽司台前切加州捲的師傅則清一色是福州來的。菜色口味嘛，想當然爾，但至少有點蔥薑蒜和醬油得以解悶。我問其中一家店的經理為什麼不賣中菜，她說中菜對老美沒有新鮮感，價位也得壓低，不得不迎著市場趨勢走。

　　如果說華人移民在美國專開日泰餐館讓人唏噓莞爾，那麼幾位年輕白人廚師經營的「旰山小站」（Gan Shan Station）絕對更叫人跌破眼鏡。那是我在幾番外食失望後於網上尋得的「特色中餐廳」，位於文青味十足的Asheville山城。餐廳裝潢是簡潔明亮的都會風，開放式廚房前的吧台上坐滿了時髦男女，只不過他們吃的不是生菜沙拉也不是義大利麵，而是用福祿壽囍碗盤盛裝的手工水

餃、麻婆豆腐、蔥烤排骨、清炒芥藍……（也有一些東南亞菜式），飲料單上還提供台灣啤酒！老實說以我稍微刁鑽的口味來評斷，菜色還有很大的進步空間——麻婆豆腐用了太多豆豉，色澤偏暗味道偏苦，排骨也太甜。但話說回來，人家餃子皮真的是手擀的，自製的牛肉乾和椒鹽魷魚也明顯帶著香麻的花椒味，光是在誠意和食材的新鮮度上就打敗鄰近所有華人開的館子。

我問服務生為什麼店名取做「旴山」，他說這房子原本是座加油站，叫做「Sunset Mountain Station」。幾位不識中文的大廚老闆們從英漢字典裡挑出了對應字眼（東漢《說文解字》：旴，晚也。），認為這幾個字書寫簡單，叫起來也響亮，顯然不知這是個罕見的古字。想想，這店名的選擇其實在無意間象徵了整家餐廳的經營理念：他們研習以中菜為骨幹的傳統亞洲烹調技法，但對各路菜系並沒有深刻認知，開出來的菜單一會兒川菜一會兒泰國菜、韓國菜，但偏偏每一樣都做得很認真，絕不偷工減料，就像「旴山」兩個字一樣，雖然怪怪的卻也有模有樣。他們的餃子餡裡加了香茅，海鮮粥搭配韓國泡菜，基本上是Asian fusion的美式混搭，一切取決於手邊現有的食材以及廚師的靈感。這樣的餐廳經營一來不執著於絕對的正宗，二來不在乎市場既有的遊戲規則，為此成功脫離了「美式中菜」的陳腐形象，在小小山城裡吸引了大批老美上門來吃餃子和麻婆豆腐。

其實像「旴山」這樣的例子，這幾年已如雨後春筍般在美國各地興盛起來，其中名聲最響亮的包括南方查爾斯頓市的 Xiao Bao Biscuit（小寶小食）和源自舊金山的 Mission Chinese Food。前者是一個中國女孩和她負責掌廚的美國老公開的，賣的盡是那些他們想吃但平常在中餐館找不到的菜（「旴山」的老闆之前就在那裡做二廚）；後者是一位韓裔美籍廚師 Danny Bowien 深夜營業的 Pop-

攝影／smcego

up 臨時店，最初只在舊金山唐人街的「龍山小館」借用場地，目前已常駐紐約，以一道重慶辣子雞翅風靡東西兩岸。

看到這裡，我想尤其大陸同胞們大概要吹鬍子瞪眼了。韓國人憑什麼盜取咱們的重慶辣子雞？！這就像幾年前紐約 Momofuku 餐廳的韓裔主廚 David Chang 以改版「刈包」走紅美食圈一樣，氣炸了不少台灣人。

但其實傳統菜色被來就沒有版權，誰想吃都可以學著做，如果做了還能拿來賣錢，那是眼光精準，可喜可賀。反觀自認最講究吃又會做生意的中國人，到了國外經營餐飲卻往往畫地自限，認定老外只能吃糖醋炸物和勾了濃芡的大雜碎，搞得中菜在海外的名聲一落千丈。形象搞壞了又不懂得振興，只能換個門面繼續做不倫不類的日本菜和泰國菜。

當然華人聚集的地區還是有像樣的中菜館，但老外顧客若不懂中文或沒有朋友帶路仍不得其門而入，因為菜單通常不是欠缺翻譯，就是翻譯得讓人不明究理。兩年前我住在華府近郊時常去一家英文名為「Hong Kong」的飯館，英文菜單裡盡是老掉牙的美式中菜，但牆上白板卻寫滿了主廚的招牌川味——重慶辣子雞、泡椒牛肉、水煮魚……。我問老闆為什麼不把這些菜加進正規菜單？他說「老外只會吃左公雞和西蘭花牛什麼的，這些菜我就算翻譯了他們也不會點的。」然而君不見，我帶來的美國朋友們都正津津有味的吃著辣子雞和水煮魚，謝天謝地他們還好認識我嗎？如此拒人於千里之外，不只喪失了大好商機，更層層加深中菜不符合潮流也上不了檯面的低檔形象。

就連美國國家廣播頻道上都曾討論過這個現象，題名為「中餐館的祕密菜單」（The secret menu at Chinese restaurants）。節目中有人 call-in 說這是一種文化歧視的舉動，也有人呼籲 foodies 食客們要堅持不拿英文菜單，寧可胡亂指著中文碰運氣，或者環顧身旁黑髮黃膚的客人在

吃些什麼，然後直接要求跟他們吃一樣的，否則傳說中的美味永遠搆之不著，只能飲恨屈就大雜碎。

有這樣公開的討論和呼籲，可見大環境裡已累積了一股對「真正中菜」的好奇和嚮往，而事實也證明辣子雞和麻婆豆腐在美國很有市場，夾著五花肉的刈包目前也已經從紐約紅到倫敦、巴黎，為此我們沒理由批評 David Chang 和 Danny Bowien，反而要謝謝他們和「旰山」、「小寶」的那些廚師在市場裡開了先鋒，讓中菜在海外活絡起來。

但這只是個開頭，目前西方世界裡即便是對中菜充滿熱情的 foodies 們也大多分不清餃子、包子、餡餅、燒餅……有什麼不同〔不都是 dumplings 或 dim sum（廣式點心）嗎？〕，對於區域性菜系的認知更是微乎其微，也因此成長空間無限，需要源源不斷的動力與更扎實的飲食文化做基礎。如果你人在海外經營中式餐飲，我建議乘勝追擊，千萬不要故步自封。至於一般喜愛吃喝的民眾則等著瞧吧，中菜的國際新時代已然來臨！

不要再吃
黑鮪魚了

　　兩年前，我曾陪同一群來自義大利「國際慢食組織」的大學生，環島參觀台灣各地的優秀食材。行至南台灣，我們在東港的魚市場見識了驚人的黑鮪魚拍賣陣仗。藍天豔陽下，起重機吊在半空中的鮪魚黝黑發亮，巨碩的火箭型流線身軀充滿了力與美；馬路另一端的半露天拍賣場裡，近百條冰凍的黑鮪橫躺在地，血水染紅了碎冰，草莽的百萬交易隨處進行，一番結合了繁榮與殺戮的懾人景象。

　　身為主人一方，我與同行的台灣人都非常驕傲的對義大利友人展示這驚人的漁獲量。看吧，我們寶島除了一流的茶葉、稻米、蔬果以外，還有洄游產卵的魚中之王——太平洋黑鮪，而且待會兒還可以用好價錢吃到油花均勻的Toro 喔！

　　之後我陸續看了一些談海洋和魚類資源的報導，包括《海鮮的美味輓歌》與《四種魚的悲歌》（*Four Fish*），開始後悔多年來大啖鮪魚壽司，更羞慚自己在那些最講究飲食倫理與永續發展的國際慢食會員面前，如此無知的炫耀我們對瀕臨絕種魚類的予取予求。

　　黑鮪魚是海中速度最快、力道最猛的暖血魚類，自古以來一直是漁人最終極的挑戰。但由於牠腥紅且油脂含量高，容易腐壞，過去頂多被用來作為貓食，一直到二次世界大戰後，日本人才培養了吃鮪魚的口味。再加上冷凍技術與航空運輸的興起，遠在大西洋和地中海所捕到的黑鮪魚也能保鮮送到東京築地魚市拍賣，一時身價劇增。從一九七〇年以來，隨著全球需求量的增大與大規模捕撈技

術的發展，黑鮪魚數量逐年銳減，目前保守估計只剩下原本的一成，已達到所謂的「魚資源崩潰」。

　　東港的漁民也表示漁獲量大不如前，捕撈到的鮪魚體型越來越小，大多是未成年的幼魚。原來一條黑鮪魚成長到有繁殖力，至少要七年。如今大魚被捕撈殆盡，許多地區轉向發展鮪魚養殖，殊不知所謂的「養殖」其實是大量的捕撈幼魚，在海中圈養以求迅速增肥，也因此徹底剝奪了鮪魚野生繁殖的機會。雖然二〇〇九年澳洲成功研發了讓黑鮪魚在圈養狀態下繁殖的技術，但每養殖一公斤的鮪魚需要廿公斤的野生小魚，仍是非常不合效益且破壞生態的做法。

　　我們必須忍痛正視這個事實：黑鮪魚不是食物，是保育類動物！根據二〇一〇年的報導，北大西洋的黑鮪魚目前約只剩下九千條，切成生魚片僅足所有成年的美國人各吃最後一口。太平洋的黑鮪數目不詳，但經過多年的濫捕濫殺，前景也同樣黯淡。在這種狀況下，所謂的「捕撈配額」已經完全失去管制作用，唯一的搶救之道就是全面禁捕，給小魚一個機會成長繁殖，否則黑鮪魚很快就會像大西洋的野生鮭魚和鱈魚一樣，從海洋裡一絕蹤跡。

　　其實即便只是為了自己的健康，我們也應該停止食用黑鮪魚。由於海洋受到工業污染，浮游生物多含有微量重金屬，先是被小魚吃了儲存於體內，大魚吃了小魚又吸收更多。黑鮪魚的體積和食物鏈級別在海洋裡數一數二，也因此囤積了大量的重金屬，其中以汞對人體最有害。一般人吃多了會噁心嘔吐乃至腎衰竭，孕婦吃了更會危害胎兒的大腦與中樞神經發展。

　　為了口腹之欲，賠上自己和後代的健康，還同時參與一個魚種的趕盡殺絕，值得嗎？

選擇海鮮，
豈止考量輻射而已

　　由於日本福島的核電廠冷卻失控，輻射物質流入海口，近來人人聞海鮮色變。為了自己與家人的健康，我認真的上網搜尋的資料，想了解這次災變對海洋到底有多嚴重的影響。至此，幾乎所有比較具公信力的國際刊物和專家學者都表示，輻射污染的問題雖存在，對於海洋生物與人體應該還不會造成太大的威脅，原因大致可歸類以下三點：

1. 目前排放出的微量輻射物質「碘131」的輻射量每八天減弱一半，危害不長。

2. 大海深廣，能迅速稀釋輻射物質，直到接近海中天然輻射量的濃度。

3. 研究過往核彈試爆和核廢料傾倒的科學家們幾乎一律表示，經過數十年的追蹤觀察，輻射物質雖然持續殘留，對於受污染地點（如承受多次試爆的南太平洋和愛爾蘭西北岸的 Sellafield 核電廠）的海洋生態與附近居民的健康，卻沒有明顯偵測到影響。

　　前面兩點聽起來保守樂觀，說服力有限，但第三個論點對我倒是有奇異的安撫作用。原來除了意外災害之外，人類早已於近半個世紀有意識的製造了大量的輻射污染，光是冷戰期間在海洋與大氣間試爆的核武就有近千枚，而且大多數的核電廠一直到一九九四年才停止將低輻射廢水排放入海。我們渾渾噩噩的吃了那麼久的輻射海鮮也不懂得抱怨，可見目前的狀況並沒有我們想像的那麼嚴重惡化，因為我們活在差不多的惡劣環境裡已經很久了，只是後知後覺而已。

其實除了輻射物以外，海水與許多河川湖泊早已受到工業污染。汞、鉛、多氯聯苯等等導致畸型和致癌的物質，一路隨著食物鏈從海藻、貝類和大魚小魚進到我們的肚子裡。我自己要不是因為懷孕生子，在孕婦須知上得知那麼多種魚（如鯊魚、旗魚、鮪魚、馬頭魚、石斑）有害胎兒，還一直天真的以為多吃魚只會變聰明呢！

　　如果關心的觸角從一己的健康延伸到環境生態的平衡，我們會發現有更多的海鮮水產不宜入口，比如瀕臨絕種的黑鮪魚、智利海鱸，又比如以破壞性超強的底拖網補來的鮟鱇魚、金獅魚，或是以炸藥或氰化鈉毒液破壞珊瑚礁捕來的石斑。

　　你說那麼吃養殖水產總行了吧？但偏偏又有為數甚多的養殖場排放污水入海，密集畜產的魚蝦將病菌傳染給野生魚蝦，甚至逃脫漁網與野生魚種雜交，進而取代並毀滅野生魚種（且看挪威與美國西北部和加拿大的鮭魚，還有南中國海和東南亞的養蝦場）。就算是在海水隔絕的狀態下進行養殖，水流是否清潔、飼料裡是否添加生長激素與抗生素，都是應該注意的重點。

　　身為一個愛吃魚的都市人，我對於什麼可以吃、什麼不可以吃這個問題已經頭痛很久了。過去住在美國和香港，我總能從世界自然基金會（WWF）和其他相關單位取得方便隨身攜帶的「海鮮選擇卡」，上面清楚的明列什麼魚應該「避免」，什麼要「想清楚」，什麼「建議」食用。這些卡拿到台灣不太好用，因為每個地方偏好並可取得的魚不一樣，同一個魚種的名稱在不同海域和國家又常常變來變去（比如吳郭魚一下叫鯛魚，一下叫尼羅河紅魚）。

　　在此真心期盼台灣的相關單位能整理出一份詳細的海鮮水產選購指南，提高大家對環境生態的認知。活在這個時代，吃魚的考量豈止是新不新鮮，或是有沒有輻射而已！

Chapter 03

異地風土
和餐桌上的日常

在我看來，認識一個地方最好的方法就是透過它的吃食，
一舉得以體驗此地的口味、人情、物價和地理方位。

灣仔買菜

　　這幾天涼流南下，十一月初的香港顯得格外秋高氣爽，連街上擁擠的人潮都少了一分壓迫感，多了一分可愛。我從美國探親歸來，回到平日買菜的灣仔街市，有點小別勝新婚的驚喜——菜攤上的芥藍變粗了（秋冬收採的菜莖直徑有三四公分寬），大豆苗和西洋菜也重新見市，南貨店裡五花大綁的大閘蟹又是堆到天花板那麼高⋯⋯

　　想我上週沉湎於美國超市的物產豐饒，其實我家山坡下的菜市場也是世界級的規模與水準，在地狹人稠的港島橫跨數條街：北臨莊士敦道，南至皇后大道，西起春園街，東迄灣仔道，中間細細窄窄的小巷全是菜攤、魚販與雜貨鋪。我爸媽第一次來香港看我，就被這景象震懾住，接下來幾天他們哪兒也不想去，只想下樓逛菜市場，還發現了許多我平日視而不見的汗衫拖鞋鋪，如獲至寶，大呼「灣仔街市」是全香港最好玩的地方。

　　今早去買菜時我特地帶了相機，拍攝了幾家我最喜歡的攤位店鋪：

　　我的買菜路線通常由春園街開始，距離灣仔地鐵站 A3 出口只有兩分鐘的路程，從皇后大道上的合和中心前來更只有幾步路。短短一條街上除了好幾家茶餐廳，還有個赫赫有名的「成發椰子」，是家馬來食品店，店門邊掛著幾串曬乾的椰子殼，行經門口辛香撲鼻，有點像中藥鋪。店裡的香辛調料種類跟馬來西亞的飲食文化一樣多元，從馬來人的蝦醬、沙嗲、南薑、香茅⋯⋯到中國人的花椒、指天椒、桂皮、草果、沙薑⋯⋯還有數不清的印度式香

料，如孜然、胡荽、薑黃、豆蔻、什香粉（garam masala）……，要整顆的還是磨成粉的都有，比超市裡包裝精美的香料來得新鮮，而且價錢便宜很多。在這裡深呼吸幾回，難保不急著馬上去吃一鍋咖哩。

除了香料以外，他們店裡還現榨椰漿，也賣新鮮椰油，聽說很多人買來護膚美髮做香皂。另外，店裡養了很多隻貓，不仔細看不會注意，因為牠們都懶懶的掛在靠近天花板的櫥櫃上或香料罐邊，像是吸水菸的姨娘和老太爺。

從「成發」離開後往皇后大道的方向走幾步，在垃圾收集站的左手邊會看到人潮特別擁擠的交加街，街邊的攤位不按牌理出牌，乾果、臘腸和醬菜會擠在玩具、髮飾與背包之間。這條街上連續幾個賣青菜和雞蛋的老太太都特別兇，如果你摸了她們的菜卻不買，肯定挨一頓罵，連多看兩眼都不行。街邊還有幾個攤位專賣黑灰暗底小碎花的成套棉衣褲，樣式極為古舊。我第一次看到時，心想這種衣服誰穿啊？結果放眼四周，很多老太太都是這個打扮。

與交加街相會的第二條小路是石水渠街，街邊有好幾家魚販，遠遠就聞到了。保麗龍箱子裡的活魚有時會從一箱躍起跳進另一箱，偶爾還會有切了半截的無頭魚掉到顧客腳邊，淌著血拚命扭動，大家也視若無睹。

這條街上有兩家很棒的泰國雜貨店，相互比鄰，裡面的蔬菜非常漂亮，光是茄子就有好幾種，白色、綠色、黃色、紫色，許多只有彈珠或乒乓球的大小。這裡買得到新鮮成串的綠胡椒，一大包只要五元的九層塔、薄荷、蒔蘿，另外還有香蕉葉、青木瓜、佛手柑等等別地方買不到的食材，更有許多我認不得的蔬菜。每次問泰國老闆娘：「What's this?」她都回答：「Thai vegetable」，完全沒轍。

石水渠街隔壁斜斜的一條路就是灣仔道，各類生鮮食品與乾貨多得逛不完，這其中有一家雞販是全香港歷經禽流感風波後碩果僅存的五家活雞檔之一，據說顧客中有不

少是豪門家廚，上週的《飲食男女》雜誌才大幅報導。這裡可以買到新鮮的「嘉美雞」，是由華南土雞雜交所得的品種，飼養過程完全無化學藥物，肉質緊而滑，脂肪少，膠質多，雞皮是漂亮的黃色而不是量產肉雞那副蒼白泛青的可憐樣。除了全雞，也可以買切好的雞腿（一隻HK $35）和雞胸（兩片 HK $45），雖然有點貴卻很值得。我常在 Taste 超市裡看到西方太太買美國進口的有機雞胸，四片就HK $168 耶！有時我真的很想跟她們說，過幾條馬路去買嘉美雞吧，但又怕她們嫌我太雞婆。

灣仔道靠近皇后大道的路口有我最喜歡的「菜菜子」，這裡的菜大多是香港本地種的，有機蔬果也占了很大的比例，整整齊齊的擺在竹籃子裡，有一股傳統街市裡少見的優雅。窄小的店面裡還賣有池上米和度小月肉燥，也有香港本地出產的醬油和蜂蜜。更重要的是老闆人真的很好，不管我問多少問題，他們都耐心回答，又剝水果給我試吃；看到我自備購物袋，也總會笑嘻嘻的用回收紙幫我把蔬菜包起來，所以每次在那邊買完菜，心情都特別好。

菜菜子正對面那棟樓就是灣仔室內街市，二〇〇九年初才從隔壁那棟 Bauhaus 風格的老建築搬過來的。這個室內街市有中央空調，攤位齊整空間大，整體衛生條件不錯，天氣熱的時候我來這裡買魚和肉比較安心。

不過要知道，在街市裡買魚是很有挑戰性的。這裡不像超市一樣會標明各種魚的名稱，香港人吃的魚我又很多都沒見過，老闆就算告訴我這魚的名字如何發音也沒有太大幫助，因為那些名字通常跟台灣的說法南轅北轍，無從比較起，而且我不知道字怎麼寫，通常走兩步就忘了。

好在有一回我央求旅居香港十多年的台灣廚娘作家蔡珠兒帶我買菜，在她的悉心指點下大有精進。她會邊走邊告訴我：「那是最家常的紅衫魚，香煎清蒸都好，梅艷芳的媽媽在哭窮的時候就說她天天只吃紅衫魚……這個叫大

眼雞，適合煲湯……波立魚就是台灣的赤鯮，用醬油蔥燒
特別香……那籠子裡的叫做生魚，就是英文說的 snakehead
fish，生命力特強，敲都敲不死，適合用來療傷補身……」
她還會指著魚嘴裡銜著的透明絲線（我本來根本沒看到）
告訴我，這就表示他們家的魚是海釣的，隔壁那家的則是
河魚。講解完畢又操著流利的廣東話和各家老闆東問西聊，
羨煞我也！

　　除了魚以外，蔡珠兒也帶我認識了一家以前我從來沒
注意到的「源記」小攤位，賣的全是我認不得的根莖葉片，
專門用來煲湯水涼茶，用以食療保健。珠兒對此道頗有研
究，什麼草葉清熱解毒，什麼根莖活血行氣，她如數家珍，
並當場和老闆切磋商討，為我抓了半斤除燥止咳的良方。
回到家我遵從她的囑咐，把果實草葉和兩公升的清水同煮，
家裡頓時飄起一股涼茶鋪的氣息，感覺非常「老廣」，讓
我忍不住唱起小時候看的那些《射鵰英雄傳》、《天龍八
部》等港劇主題曲，就只怕鄰居聽到，會笑我的發音太糟
糕……

　　一點逛街買菜心得，在此與大家分享，希望台灣的朋
友們下回來香港時，別只去鏞記吃燒鵝或是海港城血拼，
也來灣仔體會一番街坊的市井風情！

理想的漢堡

　　漢堡這種東西，我向來提不起勁在家裡自己做，總覺得那是一種與情境很有關的食物，非得在放著搖滾樂的小店裡，要不就是在池畔豔陽下或高速公路邊上吃起來才對胃。

　　小時候吃過印象最深的漢堡是在當年的台北信義聯勤俱樂部。我們不是會員，但因為家住得近，爸媽有幾回開恩，花了一人八百塊的門票錢帶我和姊姊去那裡游泳。游泳池畔有一台烤肉架，炭火上燒著漢堡排，陣陣肉香在吞了幾口泳池裡的氯化水以後聞起來格外誘人。我當年十一、二歲正值發育期，胃口好得驚人，但由於那漢堡一個就要一百塊錢，爸媽規定我只可以吃一個。多麼深刻又短暫的美味啊！

　　二十年後的今天，我還記得那個漢堡排獨特的炭燒肉香和微微焦脆的邊緣，與麵包和生菜番茄形成完美平衡，也因此日後在別處吃的漢堡總讓我有點失望——不是太厚而膩，就是太薄而柴，而且表層通常欠缺那種經過徹底「梅納反應」而散發出的焦香與脆度。即便選用昂貴的「和牛」或是加了炒蘑菇、酪梨醬等等，也僅差強人意，甚至顯得做作，不能跟我記憶中完美的漢堡相提並論。

　　在美國生活多年，吃過了無數「還可以」的漢堡，我早已放棄了少年時的激情與對理想的追尋，沒想到最近竟在香港家附近的一個小酒吧裡重新燃起了吃漢堡的熱火。這家酒吧叫做 Slim's，位於灣仔地區頗時髦的永豐街上，紅色招牌超窄門面，走進去也是不容旋馬的細長格局，僅

只一個吧台和七八張桌子，因此以「窈窕」為名。

第一次去光顧是因為 Jim 想喝啤酒，聽說那裡買得到他西雅圖家鄉一些小酒廠出產的 microbrewery beer。當天是星期六，正逢 Slim's 每週一度的小漢堡促銷，一個十元港幣（平常一個要二十七元港幣），於是我們點了兩個。

漢堡送上桌才知它極其迷你，只有掌心的一半大小，卻是五臟俱全，一口咬下去，少年時的池畔記憶全回來了！肉排的兩面是脆的，達到非常完美的「褐化」（caramelizeation），而中間八分熟的部位略略一抹粉紅，軟嫩噴汁，表層與內部的脆軟對比有點像煎得恰到好處的鵝肝，滑腴中有焦香。難得的是連麵包的裡層也抹了奶油再煎過，所以也脆軟分明，加上半融垂墜的起士片，青脆的生菜葉和新鮮番茄，兩三口的分量就呈現很多元的層次，是一個均衡完滿的小宇宙。

我們緊接著一人加點三個漢堡。我跑到吧台邊的開放爐台盯著高高壯壯的師傅，問他漢堡排如此美味有何祕訣，用的是哪個部位的肉，是不是加入了小塊冷奶油所以加熱後如此多汁呢？他的回應讓我很驚訝：「沒有啦，就是普通牛絞肉加雞蛋和麵包粉而已。」

雞蛋和麵包粉！這通常是加在肉丸裡防止鬆散的黏著料（所謂 binder），被許多漢堡狂熱分子視為次級做法。特別講究的人通常不加 binder，他們強調要選擇肥瘦均勻的部位，自己絞成粗粒狀，調味後輕輕以手掌塑成肉排，千萬不能用力擠壓或攪拌，就怕太多的動作會讓纖維中的水分流失（見湯瑪斯・凱勒的 *Ad Hoc at Home* 或是赫斯頓・布魯門東的 *In Search of Perfection*）。但我眼見這位師傅把鋼碗中的絞肉拌了又拌，壓了又壓，而且並不清楚那些肉到底來自哪個部位，最後煎出來的漢堡排還是顆粒分明（沒有爛啪啪的感覺），鮮嫩又多汁，完全推翻了漢堡界的主流立場。

本以為這或許是我一廂情願的亞洲口味，但眼看我老公吃了也驚為天人，輾轉介紹給同事後，目前全美國領事館的外交人員都專程跑來 Slim's 吃漢堡，公認它為全香港第一（遠遠勝過附近的 Fat Burger 和 Shake'em Buns），可見我的味覺震撼具有某種程度的跨文化公正性。Jim 對於這個漢堡發現有雙重的得意，因為這代表從此之後我每星期六都願意出門陪他喝啤酒。

另外話說有一回，當我們點的一排小漢堡送上桌時，我忍不住發出一聲讚嘆：「Look at those cute little buns!」（瞧那些可愛的小麵包！）沒想到引來一陣揶揄側目。我順勢抬頭瞥見電視螢幕上的 ESPN 節目，才發現鏡頭正瞄準一位年輕男性跳水選手翹起下半身、蓄勢待發的英姿。天啊，原來大家都以為我在讚美他的屁股！既然如此，我只好將錯就錯，擺出我最豪爽好色的表情舉杯敬大家，為了理想的漢堡全心融入酒吧夜生活。

我曾經在那些
美麗的地方有個家

　　學生時期我也曾做過背包客，帶著輕便的行囊東南西北到處跑，滿腔熱情的想在有限的假期裡看盡風光名勝。當我腳酸腿麻的走訪博物館、教堂寺廟與湖泊山川之際，眼光時常會不經意的停留在一棟特別可愛的房子或公寓閣樓上，心騷騷的幻想不知是怎樣的人住在那兒？如果我也能生活在這樣的地方，又會是怎樣一番光景？幾番奔波下來終於意識到，自己對旅行的嚮往其實不只是想親眼看見夢中的異地，而是渴望體驗另一種生活和存在的可能性。

　　為此，走馬看花的旅遊總感覺是隔靴搔癢，而即便定點停留，若住宿設備完善的度假村或那種所謂「低調奢華」的精品酒店，也總讓我惶惶不知所措。要知道那些高級旅店的消費高昂，我一旦花了錢入住，很難不覺得自己有責任和義務在 check-in 和 check-out 之間盡情享受所有的設備——游泳池、私人沙灘、景觀陽台、靜謐圖書室……，導致連外出溜達時也不免懊惱錯過了包涵在房價中的庭園下午茶或雞尾酒時間，最後為了「享樂」和「放鬆」搞得緊張稀稀，在全面優雅的環境中體認到自己的狼狽不足。

　　於是當我發現「居遊」形式的旅行時，自是喜出望外。所謂居遊，就是在離家遙遠的城市／國度裡找一個可以暫時安身立命、探索冒險的據點，a home away from home。那些住所通常位於鬧中取靜的市區小巷或依山傍水的鄉間，沒有招牌也沒有門房侍應。你在網上直接聯絡房東，然後依約定當面或於特定郵箱領取大門鑰匙，自行登堂入室。屋舍裡通常設備完善，從被單毛巾、廚具、洗衣機、

水電到高速網路一應俱全，佈置上有的簡樸有的典雅，也有那種附設私家泳池的豪宅莊園，但看租屋人的預算和需求。一般說來，居遊的人均花費比同一地點的平價旅館還要再低一點，空間和彈性卻高了許多，而且入住前幫你打掃的一塵不染，只不過沒有服務人員定時來倒垃圾、換被單、洗刷廁所而已[※]。

出乎意料的是，原來清潔打掃這種芝麻瑣事竟正是我融入異地生活，感受自己變成半個當地人的催化劑。上個月在巴黎，我學會到公寓附近的超商買小包洗衣粉和清潔劑，每隔幾天把該回收的瓶瓶罐罐帶到社區的垃圾收集站……；在法國西南，我們的石砌小屋沒有烘乾機，每天洗完衣服就晾在後院裡，一邊曬太陽一邊眺望不遠處的多爾多涅河（Dordogne），偶爾回應旁邊玉米田裡農家鄰居的揮手問好。異地的絢爛陌生在家常氛圍下變得親切踏實，平凡的家務也在截然不同的環境裡蒙上一股迷人的色彩。

而平凡家務中最振奮人心者莫過於買菜做菜。居遊的房子裡通常俱備基本的鍋碗瓢盆、刀具、爐臺、烤箱、咖啡壺等等，如果運氣好，還可能會有前任房客留下的鹽糖調料。這時只要自己再去超市買一小瓶橄欖油，外加個人覺得不可或缺的調味品（如醬油、醋、芥末、辣椒醬），一小包米（西方國家通常都有買小袋裝的），一兩盒麵條，其餘最好都選用生鮮食材或熟食品，想吃多少買多少。買菜本是一大樂事，身處異地更可以透過超市架上的吃食管窺當地特色與物價；如果附近剛好有露天菜場，更是萬萬不可錯過。試想，有什麼景點比「菜場」更能完美的結合當地獨特的天時、地利與人情世故呢？

這回在法國，我逛遍了巴黎第二區的 Montorgueil 菜場與西南薩拉（Sarlat）小城的傳統市集。整潔的攤位上琳琅滿目盡是乳酪、醃肉、糕點麵包和嬌豔欲滴的蔬果，如果旅遊期間餐餐外食，沒有機會買一些食材回家炮製，

還真遺憾呢！透過支支吾吾的溝通，我從菜販們那兒學會如何處理幼嫩的朝鮮薊，白蘆筍，櫻桃蘿蔔；也聽他們的建議在煮好的馬鈴薯上淋胡桃油，撒蔥花海鹽；山羊乳酪切片放在麵包上烤軟，滴一點蜂蜜配生菜沙拉……。想念亞洲口味的時候，我煮飯、爆炒時蔬肉片、燉牛肝菌雞湯……，內心很慶幸在尋幽訪勝一天後，或是什麼店都不開的星期天下午，可以悠悠閒閒的在自家後院吃頓飯。

就這樣，近年來我們一家渡過了好幾個難忘的居遊假期──巴黎、西南法、清邁、河內、奧勒岡海岸、波特蘭、紐西蘭鄉間。回想起來，在每個地方我不只「到此一遊」，還有熟識的巷角餐廳、店鋪老闆、農田雞舍、羊腸小徑……。我懷念那時的生活，因為我曾經在那些美麗的地方有個家。

※ 專門服務居遊住宿的網站非常多，我最常用的分別是 airbnb.com、homeaway.com 還有 tripadvisor.com。也可以直接在搜尋引擎內鍵入旅遊地點與「holiday rental」或「vacation rental」的關鍵字。

在紐西蘭，
我與羊為伍

　　搬來香港兩年多，我這個台灣人和美國來的老公都愛上了香江的繁華和熱鬧，在街上洶湧的人潮中也學會了安身立命，隨波逐流，只是在抬頭望見群樓間孤鷹翻旋的剎那，常忍不住嚮往青草藍天。於是去年底休假時，我們夫妻倆決定前往羊比人多的紐西蘭，租車在鄉野間亂跑，其中三天在一個美麗又偏遠的農場落腳，在此小記。

　　在「安妮小屋」的第一個清晨，我睡夢正甜，耳邊忽然傳來一陣節奏平穩，頻率低沉的聲響：「mehehehe, meheheh, mehehehe…」。朦朧之際我伸手在床頭櫃上胡亂敲打一番，不得已張開眼睛尋找那個響不停的鬧鐘，卻在曙光中看到窗外叢草間一頭咩咩綿羊。四目相接的時候牠安靜了一陣，五分鐘後又開始了，真的跟鬧鐘一樣。

　　安妮小屋位於紐西蘭北島東岸，霍克灣區（Hawkes Bay）的一個農場上。我們前一天下午開了好久的車，先從城郊外的大路轉小路開了三十五公里，再從小路轉泥土碎石路開了八公里，沿途恍如無人煙來車，只見無盡的綠野山坡和似乎沒人管的牛羊。當初在網上找到這個農莊民宿的時候，見網頁上說安妮小屋位於霍克灣區兩大城 Napier 和 Hasting 的中間，聽起來甚理想，怎知今日實地開車才發現，這就像說甲地位於花蓮市和瑞穗之間，結果卻得一路開進中橫，雲深不知處那樣。正開始擔心我們迷了路，打算掉轉回頭時，遠遠看見泥路邊一個小信箱，上面寫著 Annie's Cottage——右邊小徑深處一棟白色民房，屋前有籬笆綿羊，總算是到了。農莊主人稍早在 e-mail 裡

告訴我們，小屋的大門沒上鎖，直接進門即可。若有什麼疑問，他們一家人就住在小山坡的另一邊，隨時可上前敲門。

仰望銀河十字星

一走進屋裏，我原本嘀咕上當的情緒馬上煙消雲散。屋內清爽明亮，陳設簡潔，有寬敞的客廳和廚房，三間臥房，窗外是青草藍天，不時有蜜蜂嗡嗡飛過。我們把行李和三天份的食糧放下，燒水泡茶在門廊前坐下，大口呼吸初夏微涼的空氣。Jim 讚歎說這個地方很適合隱居寫作，可以丟掉世俗煩惱，專心動筆。我說，那還要看你寫什麼。這裡的空氣陽光花和水太好，如果本來想寫偵探謀殺懸案，或是探討存在的意義和孤獨的價值，最後都可能變成歌詠農家樂的田園詩歌。

當晚夜深後一彎弦月，滿天星斗，我終於了解什麼叫做浩瀚的銀河，也第一次看到了地球這一端才見得著的南極十字星。

第二天清早被綿羊叫醒後，我們梳洗做早餐，然後散步到山坡的另一端跟主人一家問好。Kirsty 和 Gary 這對夫妻匆匆和我們打了招呼，道歉說接下來的聖誕假期全家要出門旅行，所以這會兒正忙得不可開交，剛剛修完籬笆，馬上又得去保養水塔。他們說大兒子 Willie 可以帶我們去參觀整個農場，有興趣嗎？ Of course ！

Willie 從除草機上跳下來，很瀟灑的揮手叫我們跟著他上卡車。我們才坐穩，門邊又忽然擠進兩個小毛頭，是九歲的 Tate 和七歲的 Darcy，說是要去餵雞。卡車顛顛簸簸的在山區蜿蜒，穿越過好幾公里的原野，不時可見成群的牛羊。原來 Waiwhenua 農場佔地足八百公頃，牛羊隻數各上千，另有四百多頭鹿，全部自由放牧。除了定期收

取羊毛外，所有的動物長成了就運到城裏的屠宰場做肉品外銷。我腦海裏忽然浮現超市裏常見的「紐西蘭肋眼」、「紐西蘭羊鞍」……，原來就是從這樣的地方來的啊！

牛羊活現眼前

我問 Willie 平日會不會特別鍾愛哪一隻牛羊，他有點驚訝的回答說：「沒這種事」，好像頗受不了這類「城裡人」的問題。兩個小朋友好心的補充，如果哪隻小牛小羊的媽媽不幸生病早逝，他們通常會把 baby 帶回家，留在門外當寵物馴養；連同山坡上的寵物豬、八隻牧羊狗、四匹馬和五隻雞，他們有很多動物可以愛。說著說著我們來到了雞圈，小女生 Darcy 二話不說就鑽進後面的小矮房，出來的時候一手抓著兩個雞蛋，有點害羞的說：「給你們做早餐」。那一剎那間我覺得自己好像愛上她了。

回程的路上我忍不住問臉孔稚嫩的 Willie 他今年幾歲。「剛滿十六」，他說。 哇，那他開車技術那麼好，是從什麼時候開始的呢？「有一陣子了，大概是十歲左右吧。」他看我一臉震驚，笑說：「卡車和農機比較好開啦，因為視野廣，個子小也可以開。」把我們送回安妮小屋後，他們三個又急忙要回家準備釣魚用具和清理運馬的貨車，讓我悠悠感慨農家生活大不同啊！

那天下午我和 Jim 揹著水和三明治，向農場至高的山丘步行出發，沿途看到很多好奇的牛羊，一動也不動的盯著我們。我往前踏一步牠們就往後退一步，我往前進三步牠們就四散奔逃，屢試不爽，玩幾次就覺得自討沒趣，乾脆坐下來吃午餐。風和日麗的午後看著草原上的母羊帶小羊，我開口自問：「真不知道為什麼有那麼多人不敢吃羊肉？如果他們看到羊有多可愛，一定會改變想法的。」語罷聽見身邊的老公哈哈大笑，我才意識到剛剛說的這句話

有點變態，不太好意思。

廚人眼中的動物

不過說實在的，我自從正式學廚以來，對於動物和食物的分界就看得很模糊，常常眼睛裡瞄著一隻游水的鴨子，心裡就想起牠豐厚的皮下脂肪和結實的胸脯；去浮潛的時候看到斑斕的熱帶魚和海參、海膽，也會不小心感到肚子餓（放心，我不會去吃瀕臨絕種的生物）。在我看來，真正噁心的是那種添加物一大堆的麥克雞塊和來歷不明的批發魚蛋。而來自乾淨草原和海洋的動物，活很美麗，變成盤中餐更值得珍惜。

我坐在紐西蘭北島這個農場草原的山丘上，看那些來去自如，隨處吃草的牛羊，心想，除非人類放棄肉食，要追求生態平衡和畜牧倫理，很難比這樣更理想了。陽光下的青草泥土很芬芳，我躺下來小睡片刻，醒時只覺雙頰熱燙刺痛，回到小屋才發現已曬出一窩窩雀斑，有點見不得人。好在環顧四周，方圓幾里內除了跟我一樣紅腫的老公以外，一個人也沒有。

上海外食——
第一印象

搬來上海快滿一個月了，但由於香港海運來的家當一直無法順利通關，我們起居只能依靠兩只皮箱帶來的簡便衣物與公寓裡現有的家具，難以營造家的感覺，更不方便做菜。

好在上海好吃的東西很多，連日外食也沒把我們苦著。這裡的消費雖於近年漲了不少，與香港比較起來，餐飲的價格還是實惠許多，出門吃飯沒有隨時在付房租的痛心之感。用這裡人的話來說，就是「性價比」還算高，選擇也多。我剛到這裡的第一天早晨肚子餓得發慌，來不及尋覓就進了家旁邊的咖啡廳吃早餐，一個巧克力可頌加全麥餐包加卡布奇諾共人民幣三十五元，以我習慣的香港標準看來算是正常。第二天早晨朝巷內走了幾步，喜見永和豆漿，點了一碗鹹豆漿加油條，買單九元。第三天在永和豆漿的門口朝對街望，看到一家包子舖前面擠滿了上班族，忍不住前去湊熱鬧，買了一個香菇菜包、菜肉餡餅和冰豆漿，總共三・五元，而且菜鮮皮韌，餡多餅脆，真叫人喜出望外。回家的路上我邊走邊吃，腦子裡播放起盧廣仲的：「好多好多早餐在這裡，在我們最熟悉的早餐店裡……」對滬上新生活充滿希望。

而有時感覺自己真是個土包子，隨便吃什麼都驚喜莫名，連到了百貨公司樓下的小吃街也眼花撩亂。這裡的小吃街與港台的比較起來，日韓和西式的選擇少一點，中式大江南北的分類倒是很細密，川湘雲貴京魯滬廣各有攤位，而且掌廚的師傅們偶爾吆喝一下，頗有市井氣息。我在一

家川式攤位前看到二十五元一份的水煮魚套餐，正在納悶什麼人可以獨力吃掉一盆水煮魚，老闆抬頭對我說：「這好吃啊，現點現做，有豆芽有粉絲，麻辣又爽口。」說得我馬上坐下吃了一盆。

由於我爺爺奶奶本是上海西郊的青浦出身，我從小聽慣了稍微有點土氣的青浦話，對熏魚、毛豆、醃篤鮮、油豆腐細粉這類菜色向來吃得很順口，所以在此上館子別有一股親切，從濃油赤醬的本幫菜到精巧細緻的蘇杭小點都對我很有吸引力。日前幾位在上海土生土長的堂伯堂叔在永嘉路上的南伶酒家為我們接風，席間那完全抽掉了骨頭的滷鴨舌，脆嫩無比的白灼腰子，還有湯清味鮮揚州蟹粉獅子頭都讓我驚艷。

再說那大名鼎鼎的小楊生煎，我大熱天排了好長的隊，終於吃到了四顆碩大的生煎饅頭（其實就是生煎包）。它果真皮脆餡爆汁，澆上辣椒渣和醋汁，再配一碗黃澄澄的咖哩牛肉清湯，汗水淋漓也大呼過癮。後來我與幾位上海朋友們談到這生煎饅頭如何美味，大家竟然都嗤之以鼻，說那些龐然大物是做給觀光客吃的，膩都膩死了，哪裡比得過某某大樓後面巷子裡的生煎啊！我這才知道自己的口味很庸俗，趕緊皺起眉、噘起嘴，立志學習上海人的世故精明，並吃遍後街巷弄。

頗讓我驚喜的是，上海在飲食上似乎深深受到台灣的影響，光是我家附近就有之前提到的永和豆漿，還有鹿港小鎮、數家人氣沸騰的牛肉麵店與台式麵包店，讓我一掃這幾年來在香港的平價小店裡吃來吃去盡是雲吞粥粉和燒臘的思鄉情緒。每次看到上海人在館子裡一派自然的點滷肉飯、三杯雞、菜脯蛋，飯後再來個紅豆冰或芒果冰，心裡都有一股說不出的驕傲。

除了各色小吃，Jim 也很貼心的在我生日那天訂了位於外灘三號的 Jean Georges 餐廳。名廚尚‧喬治（Jean

Georges Vongerichten）來自法國阿爾薩斯，隨後在曼谷、新加坡與香港工作多年，吸收了東南亞食材應用的精髓，融入他的正統法式訓練而自成一格。先是在紐約獲得米其林三星的評價，並緊接著在世界各大城開了一系列極獲好評的餐廳。上海這家分店我早已嚮往多年，一試之下果真不失望，每一道菜都有當年《紐約時報》所形容的「爆炸性」（explosive）滋味與口感。鵝肝配上龍眼、百香果與黑橄欖，吃起來濃郁中有清爽，鮮甜中有鹹香。香煎海鱸底下襯著用辛酸芥末調味的蘆筍與炒香菇，香菇一口咬下竟又透出薰衣草的氣息，每一個調味環節都精準明確。我們一人各試了三道不同的前菜與主菜，飯後又點了祖師爺級的巧克力岩漿軟心蛋糕（這個如今四處可見的 molten center chocolate cake 其實就是尚・喬治發明的），的確出類拔萃，打敗我所有試過的山寨版。而據說此地同等級的西餐廳有好幾家呢！

這幾日來我沒事就掛在「上海點評」網站上搜尋餐飲情報，目前已經累積了數十個餐館想去拜訪嚐鮮。在我看來，認識一個地方最好的方法就是透過它的吃食，一舉得以體驗此地的口味、人情、物價和地理方位。君不見，同一條街在我買包子的區段叫做奉賢路，吃澆頭拌麵的區段叫做南陽路，而喝老鴨湯的部分則又改名叫愚園路了！上海是我的新家，我要一步一步、一口一口的認識它！

少奶奶的生活

　　來到上海後，身邊的人都告訴我，打點家務一定要找個阿姨來幫忙。於是我在附近超市的布告欄上抄下了幾個求職阿姨的號碼，前前後後面談了三位，不是姿態慵懶就是面無表情。後來一位住在樓下的鄰居向我推薦他家的兼職阿姨，說這位楊阿姨另外的雇主最近剛剛離開上海，目前正在找工作。我給楊阿姨打了個電話，光聽她聲音就感覺爽朗俐落，當下約了時間，請她先來試做，燙幾件衣服。

　　我事前先洗了老公一籮筐的襯衫，本以為夠她燙了，沒想到楊阿姨身手矯健，沒幾下就把衣服燙得平平整整，而且一面使熨斗一面教我講上海話，不外乎是：「桃子一斤多少錢？太貴了！便宜一點好嗎？」之類的實用語。

　　工作結束後，她看著我空蕩蕩尚無家當的公寓，認定了目前即使一週只來兩小時也沒什麼事做，於是當下決定要做菜幫我進補。我說：「做菜的事你就不用操心了。一來我自己很愛做菜，二來我目前欠缺廚具，這陣子出門隨便吃吃就好。」不料楊阿姨意志堅定，馬上回應：「天天出門吃飯怎麼行呢？你缺什麼設備材料，我從家裡帶來吧！再說我家附近的菜市場裡東西新鮮又比你這裡便宜，吃了健康又省錢。這樣吧，下回我幫你帶隻童子雞過來！」

　　星期五，楊阿姨依約拎來了一隻當日現宰的童子雞，一進門就開始清洗、剁肥油、抹薑抹鹽。隨後又從菜籃裡拿出一大包新鮮毛豆，兩三下就剝光了豆莢，同薑絲和少許的鹽一起塞進雞肚子裡，盛入大碗中，放在她帶來的鐵架上進鍋蒸煮。我從頭到尾只有在一旁呆看和遞刀遞砧板

的份，老實說不太習慣。

　　蒸雞的同時，她開始清洗蘿蔔，囑咐我當晚可以燙個青菜再下個麵來搭配毛豆蒸雞。廚房收拾乾淨後，她就去吸塵和燙衣服了，臨走留下一本用她兒子中學時期作業簿記錄得清清楚楚的帳目。

　　那天晚上爸爸從青浦進城來看我（他退休後有一半的時間住在青浦，算是返鄉尋根），與我們夫妻倆分食毛豆蒸雞和青菜麵條。蒸了兩個小時的童子雞用筷子一碰就骨肉分離，入口滑嫩有淡淡豆香，鹹味也適中。瑩白的雞胸襯著青綠的毛豆，碗底薄薄一層湯，幾縷薑絲，看著就清爽，吃了更舒服。爸爸直誇我能幹，但這回我可不敢居功，全是楊阿姨的好手藝。我飯後傳了簡訊給她，說這隻雞真是好吃極了！

　　本以為要再等一個星期才會見到楊阿姨，沒想到她昨晚打電話來，問我週一早晨是否會在家，因為她剛好要去樓下的鄰居家做事，想順便上樓來給我包幾個小餛飩。今早我起床才剛漱洗好，電鈴就響了，楊阿姨說她六點就出門買絞肉，回家拌好了餡，這會兒包餛飩剛好可以給我煮湯做早餐。我照著她俐落的手勢有樣學樣，兩個人二十分鐘就包了一百多個，分別冷凍裝袋。楊阿姨煮開水的同時，我下樓買了點紫菜和蝦皮做湯料，回到家熱騰騰的小餛飩就煮好了，飄著淡淡蔥薑麻油香，配上一小碟醬油和烏醋，我唏哩呼嚕的吃了二十六個。

　　餛飩剛吃完，楊阿姨送上一碗剛摘好的石榴，紅艷艷晶瑩如寶石。我以前從來沒有買過石榴，就是嫌它又要剝皮又要吐籽太麻煩。楊阿姨說：「我幫你剝好了，你坐著看書看電視的時候順手吃點，像啃瓜子一樣，不是很有情趣嗎？」

　　就這樣，我從一個萬事自己來的廚娘，忽然變成茶來伸手飯來張口的少奶奶，享福至極矣！

有錢沒錢，
買菜好過年

　　中國大陸自從去年十月以來，因通貨膨脹導致食品價格連日上漲。街頭巷尾的婆婆媽媽們見了面，除了噓寒問暖就是談柴米油鹽的價格。「菠菜昨天還三塊錢一斤，今天要五塊！老節棍嘞！」我上海家裡請來幫忙的楊阿姨一進門就這麼宣布。

　　前一陣子上海市政府為了平息民怨，進場調控每日蔬菜供給量和價格，其中以上海人平日不可或缺的青江菜最受關注，一度降價到五毛錢一斤。降價當天楊阿姨就自作主張給我買了五斤，回家包了上百個菜肉餛飩，又讓我吃了一星期的菜飯。幾回我自己出門買菜，回到家總得受她的逼問，必須一樣一樣報價。如果我用七塊錢買了她五塊錢就能購得的豆苗或香梨，少不了承受一頓搖頭嘆氣：「唉，價格就是被你們這種不懂行情的人搞壞的！」

　　原本通貨膨脹已經夠糟糕了，這會兒又碰到過年，菜價連番加倍。阿姨和樓下的保安都警告我說，等到小年夜那天，買豆芽就像買金子，老母雞一隻上百元……況且到時候賣菜的鄉民大多挑著擔子回家去了，許多菜有錢都買不到。

　　於是乎我這個新來的台胞也學起上海人，像是要閉關過冬一樣，早早開始儲糧辦年貨。上週買了八隻草鴨腿，鹽漬風乾後做了油浸功封鴨。昨日買了六支冬筍，先剝皮煮好封包冷藏，又跟阿姨學著做了薺菜百葉包和鮮肉蛋餃。冷凍庫裡有母雞一隻，牛腱一條，鵝肝兩副，梅花肉一斤。另外火腿、木耳、金針、海蜇和紅棗也樣樣辦齊，還要去

買瓜子糖果和春聯鞭炮。蔬菜魚蝦和豆腐則必須等到最後關頭，忍痛買天價的新鮮貨。

今早請水電師傅來家裡維修水管，不免又聊起過年期間的菜價。師傅說他們家今年手頭緊，年貨還沒辦齊，不過冬至的時候倒是醃了十六斤的鹹肉，目前還晾在窗口，過兩天立春就可以蒸來吃了。師傅和阿姨接著討論究竟是用五花肉還是胛心肉做鹹肉比較好，帶骨頭的還是不帶骨頭的，蒸食的時候和百葉皮要如何疊放……。我問他們這十六斤的肉是要吃一年嗎？師傅笑說十六斤沒多少，過個年就差不多吃完了，不過無論如何總得留一點，等到四月吃。

「為什麼非要等到四月呢？」我問。

「哎，四月有春筍，配鹹肉就可以煮『醃篤鮮』啦！」

於是乎，臘月天裡我守著一櫥櫃的年貨，卻已經開始期待春天了。

小小美食家 ─────────────

　　懷孕已進入第卅七週，最近我的思緒全在肚裡的孩子身上。白日夢裡我幻想有朝一日帶著活潑愛笑的小男孩去公園野餐、市場買菜，或是兩人一起揉麵團、包餃子、烤餅乾……，幾乎所有的美好憧憬都圍繞著「吃」打轉。心底微微的隱憂是：如果這孩子挑嘴，只願意吃垃圾速食怎麼辦？

　　身邊許多媽媽們都信誓旦旦的說，小孩子的感官特別敏感，他們抗拒鮮明的口味，偏好平淡甜軟的食物，顏色最好都是白白黃黃的，有些還堅持不同種的食物不能互相碰觸，總之難纏得很。我本來一廂情願的認定這跟媽媽的烹飪手藝有關，心想：我做的菜，孩子怎麼可能不愛吃呢！但前一陣子很驚恐的在雜誌上看到一位資深大廚惋嘆說，無論他如何努力，五歲大的兒子還是只願意吃冷凍比薩，而且「最好還是冷凍的」！

　　為此，我特別用電子書下載了美國作家安斯特‧伯頓（Mathew Amster-Burton）的 *Hungry Monkey*（餓猴子）一書，內容談的就是這位熱愛飲食與烹飪的爸爸，如何費盡心力培養他女兒成為一個「有冒險精神的小食客」之甘苦歷程，讀起來趣味橫生。他在女兒斷奶後的哺餵原則很簡單，基本上夫妻倆吃什麼，搗爛碾碎了就給孩子吃，並不特別準備什麼「嬰幼兒食品」。因此這個小女孩從九個月開始就大啖印度咖哩與泰式炒河粉，還特別喜歡螞蟻上樹、鮮肉鍋貼、壽司和鹽烤鯖魚，對培根與巧克力也有獨到的見解和堅持。

雖然目前這位四歲大的小女孩仍舊不喜歡喝湯，也拒吃綠色蔬菜，但她無國界的口味還是燃起了許多饕客級父母的希望。就連甫為人父的大廚作家安東尼‧波登都揚言效法餓猴子爸爸的精神，並在自己的新書 *Medium Raw*（半生不熟）中大談如何為女兒洗腦，夜夜講述麥當勞叔叔的恐怖故事，但求養出一個愛吃懂吃、不挑剔不驕矜的小饕客。

對所有惋嘆孩子挑食，又只能很無奈的給他們買薯條和麥克雞塊的爸爸媽媽們，我想再分享兩個激勵人心的案例。前幾天聽一位美國媽媽說，她那三個在北京與上海成長的兒子最近聯合起來對父母宣布，想要取消家裡當初為了討好他們而設立的「週五比薩日」，因為他們「其實比較喜歡吃煎餃和小籠包」，而且已經開始擔心明年返美定居後會找不到像樣的中國菜。另外一位曾在台北與香港工作多年的美國爸爸告訴我，他那金髮碧眼的七歲大兒子最近逢佳節思念中秋月餅，家人好不容易在華府的中國城買到一盒，兒子切開月餅後卻失望的哀號：「怎麼會沒有鹹鴨蛋呢？」聽得我感動莫名，好想擁抱這個小男孩並和他分食一顆鴨蛋。

所以誰說全球化必然會消弭地方飲食，兒童的口味又一定平淡無趣且以連鎖速食優先呢？在這即將臨盆的關頭，我不奢求孩子天資優異，將來「前進哈佛」或「邁向史丹福」，只想透過臍帶與自己豐厚的胃口向孩子傳達心中對食物無比的熱忱，期許他長成一個愛豆腐也愛乳酪，對醬油魚露和雪莉醋、炒飯燉飯菜飯、山東饅頭印度烤餅和法國麵包都能張嘴歡迎的小小美食家，快樂國際人。

身體的領悟

　　學生時期我是個頭腦發達、四肢不振的唯心論者，致力以飽讀群書拓展眼界，相信環境的改善必先來自知識的累積與思想的啟發。讀書至頭昏眼花，半個字也寫不出的時候，我習慣躲到廚房裡切菜煮菜，因為（當時在筆記裡這麼記錄）：「做菜的樂趣就在於它看得到摸得到，聞得到吃得到，而且有付出必有回饋。看著蔥蒜辣椒劈劈啪啪的在油鍋裡彈跳釋放香氣，酒水注入沸騰瀰漫於空氣中，那種滿足感是非常真切踏實的。」

　　於是不知不覺中，我從動動腦變成動動手的實踐派唯物論者，甚至放棄磨蹭多年的博士論文，跑去正式學做菜。

　　廚藝學校裡的師傅們常耳提面命說：「食譜是用來參考的，做菜最終要憑感覺。」磨刀時，他們要我看手肘的「肌肉記憶」達到理想的角度；調味時，要反覆品嚐以追求那「微妙的平衡」。煎牛排時，我學會用手指按壓肉排表面，感受由生到熟的過程，以指尖記得五分熟是怎樣的軟硬度。烤雞的時候，要聆聽烤箱裡傳來的滋滋油響，嗅出細緻的氣味轉變，並注意雞腿關節的鬆動程度和流出汁水的顏色。和麵的時候，要根據當日的溫溼度調整水量，揉好麵團的光滑度與彈性要像「嬰兒的屁股」，出爐的麵包烤透了沒有，先敲敲底部聽聲音……

　　感官領悟是潛移默化的過程，往往需要時間，而一旦體會其中關鍵，那茅塞頓開的感覺非常深刻直接也難以忘懷（如騎腳踏車和吹口哨）。每回有新體悟，我總感覺世界又變大了一點，人生的可能性又多了一點。

如果說做菜是我的感官啟蒙，那麼懷孕生子就是我身體意識的爆炸性伸展。懷孕初期，嗅覺忽然變敏銳了，一點油腥就作嘔，又頻頻想吃酸菜，不由自主的出現所有典型症狀。接著我驚異的看著自己的肚子逐漸隆起，胃口日益大開，沒事還會專程出門尋覓平日毫無興趣的甜點，可見荷爾蒙果真足以駕馭理性！然後在第四個月的某一天，我頭一回感受到肚子裡如氣泡浮起，又像有人說「如蝴蝶展翅」般的細微觸動，從此天天期待那日益茁壯的胎動，沒想到被拳打腳踢的感覺可以這麼好。

　　孩子出生兩個月以來，我日夜不得好好休息，時時懸掛在疲勞與亢奮之間，他一點輕微的嗯啊聲響與呼吸轉變都足以讓我從床上跳起。看到他笑，我樂得精神抖擻；聽到他哭，我的胳膊忽然強壯好幾倍，又抱又搖也不覺得累。這不是在吹噓我是多麼好的媽媽，因為老實說連我自己都很驚訝，孩子竟對我有這麼大的影響力。

　　以前我致力培養對麵團的敏感度，現在卻是對寶寶的哭聲發展出一套心得，十之八九可以聽出他究竟是肚子餓了，還是不舒服，或只是撒嬌要媽媽抱。想我當年從害怕處理生肉的嬌滴滴小姐，變成拿起菜刀可以去雞骨、剖魚肚的廚娘，這會兒也從笨手笨腳的菜鳥媽媽，變成一個無畏屎尿，可以一手抱兒子，一手洗他嫩屁股的強壯婦人。更「具體」的改變是，以前我只做菜給別人吃，現在卻是奉上自己的身體餵養孩子——每當寶寶伏在我的身前奮力吸吮時，看著他的小臉，我簡直分不清胸口滿溢的隱隱漲痛是奶水，還是對他的寵愛。

　　就這樣，在肚皮胸口與胳膊手指間，我一點一點學會做媽媽。

我願意餵你

懷孕近預產期時，很多人開始問我：「到時候準備餵母奶還是奶粉啊？」哺乳派的媽媽們很熱忱的為我分析母乳的優勢：營養均衡好吸收、抵禦疾病、抗過敏、鼻子不通還可以拿來噴鼻子、眼屎太多可以拿來洗眼睛，甚至還能幫助媽媽產後塑身，簡直是「餵／吃母奶得永生」！

另外也有一些人悄悄的拉我到一旁說：「能餵就餵，如果受不了也不用勉強。」我這在德國的姊姊在電話裡告訴我，餵母乳不只身體負擔重，又不得歇息，毫無自由。她當年兩個兒子都硬撐著餵了四個月，在母性至上的德國還是頗受非議。身邊那些德國媽媽們說，孩子出生時剪斷臍帶已是一次分離，斷奶又得放開一次，難捨難分啊！姊姊在電話那端吶喊：「你看她們是不是神經有毛病？」我從小做什麼事都學姊姊，所以心想在餵養孩子這件事情上肯定也會有類似的感受，又看姊姊把孩子養得很好，於是當時就下定決心，以哺乳四個月為標竿，最多不超過六個月。

如今眼看述海已經八個多月大了，我卻遲遲斷不了奶，顯然就是那種「神經有毛病」的媽媽，連自己都很意外。

孩子出生的頭幾個月，平均每兩個小時就要吃一次，一次可以吃四十分鐘。也就是說，才餵完不到一個半小時又要餵了。我如果出門買個菜或剪個頭髮什麼的，都非得在一頓奶與下一頓奶之間迅速來回，即便家裡有幫手也沒轍，因為奶長在我身上，誰都替換不了（一開始述海不會用奶瓶，所以擠出來也沒用）。夜裡數度被哭聲驚醒，剛

打個盹又得換邊繼續餵，直到背脊扭曲，手臂痠麻。清早起床，餵奶。吃完早飯，餵奶。想上網回覆幾封郵件，卻似乎才剛刪除完垃圾信件，看幾個新聞頭條，又得餵奶。如此日升又日落，我除了餵奶一事無成。

最慘的是遇上乳腺堵塞發炎，胸口紅腫熱燙，連抬手臂都痛，還要抱小孩餵哺，餵完了再聽醫生的話，用吸乳器把剩餘的奶擠出來，以減緩淤塞。連續幾天又餵又吸之下，紅腫是緩減了，我的身體卻以為我在哺育雙胞胎，以致雙倍製奶。冷凍庫塞爆了無處存放，只好倒掉。上海阿姨說：「怎麼不給你老公喝呢？」老公敬謝不敏，建議我開個乳製品公司，專營母乳冰淇淋、優格奶酪什麼的，讓我徹底覺得自己是頭乳牛。

但乳牛也有乳牛的快樂。我平日下廚，最欣喜遇到愛吃又胃口好的食客，只要看他們吃得津津有味，就覺得工作再辛苦都值得。而談到吃，我還從不曾遇見比述海的需求更急迫、反應更熱烈的人。他餓的時候哭起來驚天動地，淚水撲簌橫流。抱入懷裡他如獲救命，張嘴吸吮久久不放，直到吃撐了打了飽嗝，才一臉滿足的昏睡過去。我驚喜發覺，原來除了做菜給人吃，自己的身體也可以換化為食物，而且是終極的產地直送，純正有機，一舉滿足顧客所有的飲食需求，簡直是大廚的美夢成真！

幾個月下來，我和述海已達到供需平衡，他餓的時候我自然會漲奶，他吃飽了我胸口就平靜舒緩。母子一同出遊時，我不必攜帶熱水和奶瓶，只要穿一件哺乳內衣配開襟上衣，再準備一條披肩，無論在餐廳、商場、公園還是飛機上，都可以隨時餵奶。餵奶期間如果我自己需要用餐，一手撐著寶寶，另一隻手還可以吃湯麵，必要的時候連左手都可以拿筷子，不知情的人根本想不到披肩下正在發生什麼事。每回在公共場所完成餵哺，我都有一種做壞事沒被逮著的得意。

有時我甚至覺得，餵奶是我的超能力。述海如果受到驚嚇或是累過了頭，哭鬧不止時，又抱又搖又唱歌都不一定有用，但只要吃幾口奶就會神奇的安定下來，讓他的爸爸、阿姨、外公和外婆看了都有點吃醋。我不敢想像斷奶後，一旦失去了這個超能力，家裡的哭鬧指數會有多高，我這個媽媽又要怎麼當呢？

最最捨不得的，是摟著述海吃奶時，他嫩嘟嘟的臉蛋和暖暖的腳心貼著我的胸膛臂彎，然後兩個人不知不覺一起睡著的那股安逸。我看書上說，母奶裡含有一種叫做膽囊收縮素（cholecystokinin）的荷爾蒙，會讓媽媽和寶寶都昏昏欲睡。我想正是因為如此，這八個月以來，我每日的睡眠總時數雖然不多，而且斷斷續續，卻不感覺特別疲倦。反而是半夜不用起床的老公，每回被述海的哭聲驚醒後總難入睡，以致眼袋和黑眼圈逐漸加深，他同事看了多半認定我是個惡太太、壞媽媽，把事情全部丟給老公做。斷奶後如果我自己也睡不好，變得形容枯槁，說不定可以平反一下聲譽，但就不知述海在別處吃香喝辣後，還願意往媽媽懷裡鑽嗎？

這兩個月以來，述海的胃口大增，母奶顯然已無法滿足他成長的需要。家裡請的阿姨很細心的為他包了格外小巧的餛飩，又煮菜粥又熬魚湯，我們也為他特製了各種蔬菜水果泥，述海都照單全收，意猶未盡。我看他那麼愛吃又不挑食，內心實在很驕傲，覺得他不愧是我的兒子。這個同時，我香港的朋友——「桃花源小廚」的老闆已答應我去他們上海的新分店實習，隨時可以上工。想到可以在黎師傅門下研習港式點心、燒臘和精緻粵菜，我興奮雀躍不已，就等著斷奶後重新操刀進廚房。然而自由誠可貴，志趣價更高，那股餵奶的癮卻戒不掉啊！

上週末出門逛街時，商店裡傳來王菲嚶嚶婉婉的〈我願意〉，Jim 聽了忽然說：「這首歌好適合你啊！根本就是

你目前生活的主題曲。」本來以為他是在拐彎抹角的嘲諷我對他不夠體貼，結果看他瞧著述海，我終於聽懂了這個洋涇濱雙關語：「我願意餵你，我願意餵你……只要多一秒停留在你懷裡，我什麼都願意，什麼都願意餵你。」

吃香喝辣的寶寶

　　有一回在餐館裡，聽到隔壁桌在點菜的小姐問服務生：「你們的家常豆腐會不會很辣啊？」服務生朝我們的方向努努嘴說：「應該還好吧！你看那個小寶寶都在吃。」這時述海很配合的露出陶醉的神情，還來不及吞嚥就張嘴討下一口，看得小姐目瞪口呆，做媽媽的我感到無比驕傲。

　　其實區區豆瓣醬炒出來的家常豆腐哪裡辣得著述海呢？他連麻婆豆腐和擔擔麵都吃得津津有味！倒不是我閒來沒事訓練小嬰兒吃辣椒，實在因為述海從半歲以來就對大人的食物表現出高度興趣，我們吃飯的時候他每每望穿秋水，嘴巴一張一閉，拍桌子蹬腳的模樣非常有說服力，好幾次讓我忍不住拿筷子尖沾點味道給他嚐嚐。本以為一點辛辣會有嚇阻作用，沒想到他一嚐卻嚐出了興頭，從此胃口大開，等我聽說兒童一歲之前不宜吃鹽的時候已經來不及了。述海吃香喝辣，儼然已成小老饕。

　　不過這些大人的盤邊菜畢竟還是少數。述海目前早晚仍在吃母奶，白天吃兩頓正餐，兩頓點心，都是專門為他準備的營養副食。比方九月八號那天是節氣上的「白露」，上海人講究要給小孩吃童子雞。於是那天我請阿姨一早去菜市場買了隻新鮮的小母雞，開小膛，洗淨後在肚子裡塞了我從雲南帶回來的牛肝菌和羊肚菌、火腿兩小片、蔥薑一把，下薄鹽和一小匙紹酒，縫起來放在大碗裡下鍋蒸，直到骨酥肉爛，碗中黃澄澄滿是鮮雞精。述海先儀式性的吃了點肉，喝了點湯，爸媽也沾他的光吃了半隻雞，然後我們把肉剁成茸，連同雞湯和最細嫩的雞毛菜一起煮了碗

煨麵，是為小述海當日的晚餐。

　　平常我們每兩天煮一小鍋稀飯，配胡蘿蔔、花椰菜、雞茸、青豆泥，還有冬瓜、山藥、馬鈴薯、番茄等等的隨機組合，有時加點小魚，有時配肉鬆。興致來時，阿姨還曾經給他買新鮮的毛蟹，稍微燙一下，然後敲碎蟹殼，一點一點的把蟹肉、蟹黃挑出來給述海煮稀飯。其實根據育兒專家的規矩，小孩在一歲之前並不適合吃蝦蟹，因為怕引起過敏。好在述海吃了之後，除了打嗝有點蝦蟹味，並沒有其他什麼影響，所以我們將錯就錯，最近又給他吃了兩隻大閘蟹。

　　在此我必須坦誠告訴大家，我非常「貴婦」的雇用了兩位上海阿姨。這倒不是因為我每天忙著要去作臉和打麻將，實在因為我最先請的楊阿姨太忙了，只能早上過來，而我又捨不得把她換掉找個全職的，所以最後權宜之計，請楊阿姨找了她的朋友孫阿姨來幫忙，兩人一個早上、一個下午，正好湊成一個全天。兩個阿姨輪班過來當然有交接上的些許麻煩，但這兩人都對述海掏心挖肺，使出渾身解數為他準備吃食。有時我剛為述海準備好水果泥，楊阿姨又拎著一條黃魚來煮湯，而下午孫阿姨也興沖沖的帶來一盒專為述海包的小餛飩。三個女人同時討好一個小娃娃，不免有點爭風吃醋，好在述海很給面子，每個人準備的食物都照單全收，小餛飩的最高紀錄是一餐吃十一個！

　　我們的餵哺計畫或許與醫師和營養師的指示相悖甚遠，但與其照書上那樣無鹽無糖無蝦蟹的養出一個懨懨無食欲的小孩，我寧可偶爾給述海吃點甜頭和辣子，讓他覺得吃飯是一件快樂的事（當然這前提是小孩對食物沒有過敏反應）。眼看身邊一些媽媽們為了怕小孩吃到不乾淨的食物，全部只餵進口的罐頭嬰兒食品，我很慶幸述海吃家常菜還養得健健康康。再說那些罐頭很貴哎！一小瓶胡蘿蔔泥至少要十八元人民幣，而述海一餐大概要吃三瓶才會飽。我

還看過有外國媽媽因為擔心中國的水質不好，連給小孩泡奶粉和煮湯都用法國進口的 Evian 礦泉水！更有許多媽媽為了堅持讓小孩吃有機食品，一箱一箱的訂購進口的「有機零食」，結果把小孩訓練得只吃餅乾。這樣營養是否均衡我不敢說，但是白白浪費了享受正餐的胃口，多可惜啊！

當然我培養小小美食家的放任政策也是有限度的。前天晚上家族聚餐時，述海一如既往的對外公手裡的啤酒釋出高度興趣，幾番拉扯後外公終於投降，小心翼翼的讓述海品嚐一瞇瞇，沒想到述海舔到啤酒後眼睛發亮，捧起瓶子又喝了一口，外公和爸爸還覺得很好笑。為母的我終於板起臉孔，義正詞嚴的說：「不要再喝啤酒了，多喝點水吧！」身旁的表妹不可置信的說：「要不是我坐在這裡，哪裡會相信你是在跟十一個月大的小孩講話！」

話說有些天才兒童一歲可以識字，三歲可以作曲，而我兒子半歲吃辣，十一個月喝酒，怎教人不引以為傲呢！

張媽媽的
炒牛肉

　　我出生於炎炎八月天，才剛滿月，媽媽就去念大學了。媽媽倒不是少女懷胎，而是在師專畢業出任小學音樂教師十年，已成家並育有一長女後，決心回學校完成正統音樂訓練，又順利保送入師範大學，也獲得我爸爸全力的支持。當時唯一的困難就是找不到人帶我——外公外婆年事漸高，照顧三歲多的姊姊已經很費力，爺爺奶奶又對孫女兒不太有興趣，於是當時據說哭個不停，一下中耳發炎一下又對預防針過敏的我，就成了燙手山芋。

　　回想當時，爸媽總是如釋重負的說，好在外婆在最後關頭找到了中和老家巷口的張媽媽。本省籍的張媽媽嫁給在新聞局工作的退役山東老兵，兒子早已成年，有能力也有意願照顧寄宿嬰孩。大家見了面看她慈眉善目，屋舍樸素整潔，於是就歡歡喜喜的把襁褓中的我送去了張家，如此一待就是六年（媽媽大學畢業後又去義大利留學）。期間除了週末偶爾回爸媽那兒，基本上我就是張媽媽拉拔大的。

　　兒時的記憶一片朦朧，不外乎一些支離片段的感官印象：比如我的卡通印花棉被，張媽媽身上的花露水，潮濕粉牆上我用指甲塗鴉的刮痕……。比較鮮明的倒是一些對食物的記憶，像是張伯伯每餐必吃的大蔥沾甜麵醬和高粱酒，硬到不行的槓子頭大餅，餐桌紗網下常有的道口燒雞、滷豆干、鹹小卷……。這說來有點奇怪，因為小時候我以挑食著稱，除了用克寧奶粉沖泡的冰涼果汁牛奶以外，通常只願意吃白稀飯配保衛爾牛肉精或川貝枇杷膏，對蔬菜

海鮮基本上不怎麼碰，對帶肥的肉更是打從心底的感到噁心，也因此週末回家常被厭惡挑食的爸爸痛罵甚至體罰，但也無濟於事。

　　所有大人吃的食物我只有一樣例外接受，那就是張媽媽做的炒牛肉絲。張媽媽的炒牛肉絲很特別：它細嫩，卻不像外面餐廳炒的那樣滑不溜丟；入味，卻又乾淨純粹——不甜不黏，不油不膩。炒牛肉絲的配菜只有兩種，不是芹菜就是韭黃，前者清香後者溫潤，都是牛肉絲的絕配；盤底的醬汁色清味鮮，拌飯沾饅頭兩相宜，整體來說是我幼小心目中唯一超越果腹功能，至臻美味境界的食物。

　　張媽媽的好，三言兩語是說不完的。那時她白日同時照顧好幾個與我年齡相當的孩子，但晚上只有我留下來，睡在她身旁，也因此我心裡知道她跟我特別親，所有的孩子裡她最疼我。週末被爸媽接回家的時候，我常從早哭到晚，一直喊著要回張媽媽家，要吃張媽媽的炒牛肉。直到現在，親戚們談到我還是常說：「祖宜小時候最愛哭，很不好養」，只有張媽媽一個人排除眾議，很堅定的告訴我，除了需要換尿布以外我幾乎從來不哭，是最乖、最愛乾淨，最聰明的小朋友。

六歲離開張媽媽家後，我渡過了很多半夜想她想到睡不著的夜晚，但後來終究也習慣了。年紀漸長，心思漸複雜之後，偶爾回中和看張媽媽竟還不知道要說什麼，所以青少年期間有好多年，除了逢年過節一通電話之外，我都沒有去看她。大二那年，有一回在校園裡巧遇和我一起在張媽媽家長大的萍萍。萍萍小我一歲，剛考進同一所大學的歷史系。我們在樹下聊起小時候，越聊越想張媽媽，於是當下就約好一同回去看她，還吆喝了萍萍的弟弟——同樣是張媽媽養大的阿立，還有張媽媽的一雙孫兒女，蓉蓉和嘉嘉。

　　那個星期天中午，我們一群半大不大的孩子回到張媽媽小小的公寓。她準備了一整桌菜，全部像以前一樣擺在鋪了報紙的茶几上，有饅頭有大餅，有滷味有燒雞，還端了一大盤蔥花煎肉餅和小漢堡麵包到阿立面前，因為她記得阿立小時候只願意吃夾在漢堡包裡面的食物。緊接著上桌的就是讓我魂牽夢縈的炒牛肉，一大盤擺在我面前，就差沒寫個牌子註明「祖宜專用」。這會兒早已不偏食的我把桌上所有的菜都吃了一回，每個都是童年的滋味，卻還是不得不偏心的說，那炒牛肉的確不同凡響。

　　大伙兒吃撐了有點累，張媽媽建議我們睡個午覺，於是我們一群年近二十的青年就乖乖的打了通鋪躺下來，吹著電扇睡著了。下午四點我迷迷濛濛的張開眼睛，原來張媽媽開了電視，正是卡通時間。而仔細一看，眼前的電視機型古老，竟仍是小時候我爸爸搬過來的那一台，底邊擴音喇叭上的海綿全被我小小的指頭戳的一個洞一個洞⋯⋯。

　　後來我出國留學，結婚移民，每次回台灣還是會回去看張媽媽。張媽媽年過八十，體力大不如前，張伯伯去世後就很少開伙，所以我們除了坐著聊天，看看舊照片，幾乎都是出門吃飯或是叫外送回家。轉行成為了廚師和所謂

美食作家的我，有時不禁懷疑那炒牛肉的滋味是否被我的記憶美化了，於是我仔細的問她做法：肉要不要醃，火開多大，勾不勾芡？張媽媽笑笑說她講不清楚，「你下次來我做給你吃吧！」

幾個星期前我回台灣宣傳新書，一連串的活動結束後，我帶著一歲半的兒子述海去看張媽媽。當天她果真一大早就出門買了芹菜和牛肉，切了絲的一碗瘦肉在半小時前已經醃好了，她說就是用一點點醬油和太白粉。「加不加蛋清？」我問，她說不需要，也難怪炒出來的肉不是滑滑的。芹菜洗好切段後，要入滾水燙一下，「這樣待會只要炒一下就好了，比較不會老掉」。然後先用七八成熱的花生油炒牛肉絲，變色就起鍋。接著大火爆香蔥蒜，芹菜下鍋炒一下，加一點鹽，再放回牛肉，加一兩大匙醬油和烏醋拌勻，就這樣。

那天張媽媽還準備了滷味、炸魚、蒸蛋、小黃瓜拌海蜇皮。但說來奇怪，述海一上桌就指著芹菜炒牛肉要我餵他，而且每吃一口還來不及吞嚥，就要我再餵，後來乾脆自己伸手抓來吃，還和著肉汁吃了大半碗飯，果然是我的兒子！飯後張媽媽從房間裡拿出一個木製小陀螺和兩個破破的，畫著古埃及人像的不倒翁，問我看了是否眼熟。天啊，那不是我小時候的玩具嗎！拇指大的幾個小玩意兒，她細心保留了三十多年，就是為了有一天要親手交給我的孩子，告訴他：「這是你媽媽小時候最喜歡的陀螺和不倒翁。」

看著述海一口接一口吃我最愛的炒牛肉，然後瞪大眼睛跟著張奶奶玩陀螺，我感覺童年和未來連成一條線，轉呀轉，又回到了原點。

Chapter 04

掌握關鍵技法，
做菜真的不難

廚藝學校的訓練讓我相信，做菜最重要的是基本功──只要
原則掌握好，材料和程序不打馬虎眼，最陽春的菜色也可
以很吸引人。

大火小火

　　幾天前我在電影院排隊買票時，聽到前面兩個女生聊天，其中一個說：「我在加拿大的時候曾經照朋友的食譜做過一個番茄燉雞腿，好吃得不得了，雞肉軟到從骨頭上掉下來！那個食譜真的很 amazing，可惜我已經弄丟了。」兩人接著一陣唏噓。我很想打斷身邊正在講話的朋友，轉頭去跟前面的女生說，如果這道菜「好吃得不得了」的原因是雞肉「軟到從骨頭上掉下來」的話，你根本不需要食譜，直接把雞腿丟到熱水裡用小火煮兩個小時，保證皮鬆肉爛。如果喜歡番茄的酸甜，那麼就把雞腿煎黃，和炒香的洋蔥、蒜頭、碎番茄加一點酒水湯汁和香辛調料一起慢燉就行了。真正amazing 的不是那個弄丟的食譜，而是做一鍋好吃的菜那麼容易，爐火把大部分的工作都包辦了。

　　做菜久了，有時我不免忘記一般人不把控制爐火的基本要領當作國民生活須知。幾番驚覺，我決定在此針對肉類料理整理出三個火候掌控的原則。基本上，火越大烹飪時間越短，火越小烹飪時間越長，而什麼時候用大火、什麼時候用小火，取決於肉的切割大小與部位，不是隨便決定的（我曾經很辛苦的跟房東解釋，家裡的破烤箱溫度不夠高，需要修理，不能用一半的溫度烤兩倍時間來解決）。

我的肉類烹調火候準則：

大火快燒	小火慢燒
←小而薄	大而厚→
←瘦	肥→
←嫩	老→

1 大小厚薄之別

　　中式烹調以快炒稱霸，講究鑊氣，所以食物通常切得細小均勻，大火翻炒幾回立刻熟透，通常表層還沒來得及焦化即已起鍋，所以肉質嫩滑，蔬菜青脆。稍微大塊一點的肉類就不能這麼烹調了，否則表層都燒焦了，內部可能還是生的。這時許多西餐廚師採用兩段式烹調，先用大火把肉的表面煎烤至焦香，然後轉為小火，緩慢的提升內部溫度直到理想的熟度（如果以炭火燒烤，就移到離火源遠一點的烤架邊角）。測量熟度可以用溫度計，也可以憑觸感判斷：手掌放鬆時，虎口肌肉的軟硬度似三分熟的肉排；拇指掐食指時，虎口類似五分熟，以此類推。此外切記，雞肉一定要全熟（以防沙門氏桿菌），豬肉至少要七分熟（以防寄生蟲）。

熟度	內部溫度	相對虎口軟硬度
三分熟 rare	50°C ／ 120°F	手掌放鬆
五分熟 medium rare	55°C ／ 130°F	拇指掐食指
七分熟 medium	60°C ／ 140°F	拇指掐中指
九分熟 medium well	65°C ／ 150°F	拇指掐無名指
全熟 well-done	70°C ／ 160°F	拇指掐小指

2 肥瘦之別

瘦肉沒有脂肪潤滑，一不小心就會燒過頭，所以宜切成小塊或薄片，以大火快速烹調，適可而止。如果是厚厚的一塊菲力牛里肌排（tenderloin），雖然精瘦，還是必須採用先大火後小火的兩段式烹調，也可以在外圍包上一層培根，利用培根的脂肪來防止里肌肉燒乾緊縮。

脂肪多的部位禁得起長時間烹調，一方面因為脂肪能適度阻絕水分的蒸發，另一方面也因為脂肪需要時間慢慢融化。如果用大火煎肥肉，表層很快就會焦脆，但底下卻還是厚厚的一層肥油，唯有用小火慢慢施熱才能把油脂逼出瀝除。因此像肉燥和回鍋肉這類運用五花肉的菜色都必須先以中小火慢炒或乾煎，否則吃起來會很膩。肥肉逼到油脂散盡就變成酥脆的油渣，如果不怕胖的話還真的很可口！

同樣的道理也適用於油炸。小火油炸一方面可以讓切割較大塊的肉均勻熟透，一方面也可以逼出內部油脂，所以當五花肉切成大塊時（如梅乾扣肉和東坡肉）通常需要先以小火油炸再燉燒，炸過了反而比較不油。路邊賣的香酥雞腿排通常先用小火炸透，客人上門再用大火快速回炸以增加色澤和脆度，是同樣的道理。法式料理獨有的 confit 烹調是一個更極端的例子，以超小火長時間油浸烹調，鎖住了汁水和油香，卻徹底逼出了肉中多餘的油脂，入口特別香脆滑嫩。

3 老嫩之別

動物的肌肉纖維隨著成長會愈發粗壯強健，需要較長時間烹調，否則難以咀嚼，也因此老母雞適合拿來燉湯，而稚嫩的春雞則適合大火燒烤。年歲之外，身體不同部位因運動程度的差異也有老嫩之別：動物的胸脯與背脊由於鮮少運動也不太受力，幾乎沒有結締組織的包覆，特別細緻，即使生吃也不會咬不動，所以適合大火快燒。而那些經常運動的部位如肩、頸、

腿、膝，則充滿了壯健的肌肉纖維與結締筋絡，非得徹底加熱至 70 到 80℃
才能將堅韌的膠原蛋白轉化為溶於水的明膠，所以一定得小火慢燒。這些
堅硬的部位（如牛腱、羊膝、豬腳）通常特別便宜，但是滋味也特別豐富，
只要耐心以小火燉煮必然酥爛，而且湯鮮味濃。

　　以上三個原則相輔相成，是我個人的心得彙整，希望對大家烹飪有所助
益。

脆皮烤雞範例

　　以下兩個烤雞食譜一個出自美國廚界元老級泰斗湯瑪斯‧凱勒，一個出
自全球最具影響力的英籍名廚傑米‧奧立佛，做法都是出奇簡單，連我平
日最津津樂道的「鹽漬」步驟都省略了，基本上只要把雞丟進鍋子裡，再
放進烤箱就好了。什麼翻面、淋汁（basting）之類伎倆都不需要，成果卻
又完美的無懈可擊，充分展現了在極簡調味下，火候掌控之關鍵精妙。

　　有趣的是，這兩個做法一個用的是快狠準超大火，另一個則是慢吞吞的
小火，最後兩者都達到無與倫比的皮脆柔嫩，然而那「脆」與「嫩」的質
地卻又是那麼不同。大火的脆，是雞皮表層焦化進而噴香的梅納反應；而
小火的脆，則是雞皮底層脂肪一點一點融化滴落，最後只剩薄薄一層皮的
脆。大火快烹的嫩，是剛剛斷生，還充滿汁水與彈性的嫩；小火慢烤的嫩，
則是筋骨裡膠原蛋白全轉換為水溶性膠質的骨酥肉爛。一定得試過才能體
會其中真意。

烤雞方法一

（出自湯瑪斯・凱勒的食譜 *Bouchon*）

材料
一隻雞：約 3 磅重
鹽與胡椒

做法

1 / 烤箱預熱 450°F ／ 230°C。

2 / 雞洗淨，裡外擦乾，越乾越好。

3 / 雞腹裡撒少許鹽與胡椒（也可以隨意添加香料），然後用棉繩把兩隻腿綁在一起。

4 / 在雞隻身上撒少許胡椒與大量的鹽（約 1 湯匙粗鹽，這樣烤完後還看得見鹽粒，口感更脆。如用細鹽則須減半）。

5 / 用平底鍋或烤盤盛雞（無需烤架），雞胸向上，放入預熱的烤箱約 50 ～ 60 分鐘，直到溫度計插入雞腿部分達 165°F ／ 73°C，或是雞腿一扳即鬆動欲落為止。

6 / 烤好後於室溫靜置 15 分鐘即可切割或撕食，盤底的雞汁可與百里香、牛油、白酒燉煮成醬汁。

✓ **小叮嚀**

＊這種烤法的特色在於它火力超強，時間大幅縮短，也因此成品特別焦脆，雞胸恰巧熟透不乾硬。但由於火力大，烘烤期間會產生很多油煙，所以務必開窗。我第一次如此烤全雞時，忘了先開窗，結果搞得全家煙霧瀰漫，烤好的雞在連綿的警報聲響中出爐，別有一股亂世餘生的情趣。

烤雞方法二

（出自傑米‧奧立佛的食譜 *Jamie's Dinner*）

材料

雞腿：4 隻
鹽與胡椒
羅勒或九層塔：1 把
番茄：約手抓 2 大把，偏多無妨
（小番茄切半，大番茄切塊）

大蒜：1 整顆（剝成小瓣，不用去皮）
辣椒：1 支（切碎）
橄欖油：少許

做法

1 / 烤箱預熱 350℉ ／ 175℃。

2 / 雞腿洗淨擦乾，均勻撒上鹽與胡椒，放入平底鍋或小烤盤裡，緊緊的擺一層。

3 / 把羅勒、番茄、大蒜、辣椒丟入烤盤。

4 / 淋上一兩大匙橄欖油，拌動均勻，盡量把番茄塞在雞腿的邊緣或底下。

5 / 放入烤箱約一個半小時，中途翻轉一下番茄以免燒焦，直到雞皮薄脆雞肉軟爛為止。

6 / 上菜前把烤軟的蒜瓣從皮中擠出來。

✓ 小叮嚀

＊這道菜用的不是全雞而是雞腿，所以更方便也更容易分食。有別於上一種方法的大火燒烤，這裡用的是中火，長時間慢慢的把雞腿中的油脂逼出來，形成薄脆的表皮（如果雞胸也這樣烤就會乾掉，所以不宜替換）。此外盤底的番茄遇熱會軟化出水，雞腿的肉面受少量的茄汁「燉煮」，會吸收香料並逐漸軟爛，以至成品結合燉雞的香濃與烤雞的酥脆，最難得的是過程簡單無比，一餐飯吃下來只需要洗一個鍋子。

＊另外提醒大家，如果你的烤箱是旋風式的（convection），溫度要照食譜減 25℉ ／ 10℃，烘烤時間也要打個八折。

單面煎魚法

　　大家都說廣東廚師最會燒魚，火候掌控恰到好處，清蒸活魚剛斷生即起鍋，甚至是「九熟一生」，靠最後淋熱油的動作完成烹煮，多一秒嫌太多，徹底保持魚肉的鮮美細滑（見蔡珠兒《南方絳雪》〈嶺南有嘉魚〉精彩詳述）。這樣的蒸魚功力當真登峰造極，不過其實西式烹飪裡也有一套九熟一生的煎魚法，叫做「à l'unilatéral」，意思是「單面煎」，能夠在保持魚肉鮮嫩的同時也達到西廚最講究的「焦香」（caramelization）。「單面煎」起源於一九七〇年代法國的新派料理（Nouvelle Cuisine）。當時法國首屈一指的幾位大廚，如費南‧普安（Fernand Point）、保羅‧博庫斯（Paul Bocuse）、特魯瓦格洛（Troisgros）兄弟等人，對法國傳統烹調的濃厚繁複感到厭煩，力求簡化的同時受到亞洲料理技術的感召，認為魚類海鮮和綠色蔬菜的烹調應當速簡以求新鮮，寧可偏生也不要過熟，單面煎魚法於是應運而生。

去骨魚排

　　此法不適用全魚，而是針對去骨的魚排所設計。顧名思義，魚排只有單面遇鍋，如果帶皮則應由皮面受熱，下鍋前務必擦乾水分，先撒鹽與辛香料調味。平底鍋最好是不沾鍋材質，以中大火預熱，用油少許。下鍋後靜

置不動,約煎三五分鐘,魚排薄則以稍大火較短時間烹煮,厚則以燒小火較長時間烹煮,目的是讓皮脆而不焦,肉熟而不老(原理同上一篇〈大火小火〉)。底層逐漸轉為金黃的同時,上層的魚肉也會由下而上從半透明逐漸轉白。差不多轉白七八成時,有三種方法完成烹煮:

1. 加蓋關火。
2. 傾斜鍋面,用湯匙把鍋邊餘油舀起,反覆澆淋魚面。
3. 翻面關火,靜置約三十秒。

　　如果對於熟度仍舊沒有把握,西餐廚師另有測量的方法:以小刀穿刺至魚排最厚處的正中央,然後立刻收刀,把刀鋒平貼自己的上唇人中部位(此部位對冷熱較敏感)。如果刀鋒是冷的,表示魚肉太生,是溫的則剛剛好,如果是熱的就過熟了。

煎扇貝

　　同樣的煎法也適用於扇貝。扇貝也稱為帶子，烹調很講究火候，火候到位則柔軟有彈性，過了頭就變成橡皮筋。中式烹調通常採用過油的方式處理——先用溫油將扇貝泡個半熟，最後再回鍋與其他配菜和調料快炒，芶薄芡，以確保瑩白滑潤。西式烹調通常採用「煎」的方式，為的是讓表層金黃褐化，與內部的白嫩呈現視覺和口感的對比。而既然要煎，就要煎黃，否則半吊子不硬不軟，不黃不白的，看了倒胃口，吃了更掃興。

　　扇貝要煎得好，食材本身的品質非常重要。新鮮的扇貝不易取得，但現在很多超市都有賣速凍袋裝的，甚至標明是刺身等級的，解凍後可以生食。使用速凍海鮮時，務必在冰箱的冷藏室裡慢慢解凍。如果長時間曝露於室溫下，或是解凍後再度冷凍，不但容易滋生細菌，冰晶顆粒也會破壞肌肉組織，使質地變得軟爛，一遇熱就出水。為此，去超市買完冷凍食品一定要飛奔回家，而且最好放在保冰袋裡，免得還沒進家門就糟蹋了食材。

　　正確解凍了扇貝後，務必用廚房紙巾把表面水分吸乾，然後均勻的撒上鹽與少許黑胡椒。

　　平底鍋以中大火預熱（鍋子一定要夠熱），倒入沙拉油和一小塊奶油（奶油有助上色，但如果全用奶油則容易燒焦），扇貝平鋪於上。注意把比較漂亮、面積較大的一面先下鍋。大約煎一分半到兩分鐘，途中盡量不要翻動，否則無法均勻上色。翻面後大約再煎三十秒即可起鍋。這樣煎好的扇貝切開後中間呈半透明，只有七八分熟，也因此特別嫩。

　　煎好的扇貝可以搭配醬汁自成一道菜，量少就做前菜，量多就做主菜，也可以畫龍點睛的搭配生菜沙拉、燉飯或是義大利麵……。

　　我住在美國的伯母最近如法炮製了魚排與扇貝，來電興奮的跟我說：「你相信嗎？我那個平日晚睡晚起的兒子，週六竟然一大早就打電話來，害我好緊張，以為發生了什麼事情，原來他是要問我怎麼做香煎扇貝！」一道煎扇貝能喚起遊子思母之情，可見單面煎法的力量之大！

這道菜從煎魚或扇貝到調醬汁總共用不到十分鐘，而且只需要一把平底鍋。由於酸豆本身已帶鹹味，醬汁不需另外加鹽。帶著酸香的蒜味奶油特別提鮮，是一道百搭的鍋邊醬（pan sauce），配合單面煎魚簡單又出色。

煎魚排或扇貝配酸豆香蒜奶油醬

材料

魚排：2 片（或扇貝 5 ～ 8 個）
鹽：適量
黑胡椒：少許
沙拉油：少許
無鹽奶油：2 ～ 3 大匙（30 ～ 40 克）
大蒜：1 瓣（切碎）
酸豆：1 小匙
檸檬汁：約 1 大匙
巴西利：1 小把（切碎）

做法

1 / 魚排或扇貝表面均勻撒鹽和胡椒。

2 / 平底鍋中大火預熱，倒入沙拉油和少許奶油，奶油融化起泡後放入魚排或扇貝，較漂亮或面積較大的一面朝下，靜置不動約 1.5 ～ 3 分鐘（依厚薄而定，參考上文），翻面再煎不超過 30 秒，起鍋裝盤備用。

3 / 原鍋內以奶油炒香蒜末和酸豆，直到蒜片轉黃，酸豆略焦，奶油也些許轉褐色，這時倒入匙檸檬汁，燒開熄火，起鍋前再撒入巴西利碎末，澆淋在魚排或扇貝之上即可。

✓ **小叮嚀**

＊中式的魚排切法通常是帶骨輪切，這樣當然也可以單面煎，但賣相與西餐廳的做法大相逕庭。建議可以請魚販幫忙將中型的整條魚沿背骨卸下左右各一片（filet），不要去皮。魚排若偏大則可再分切為適合單人份的小塊，下鍋前皮面可輕輕刮幾刀以防止受熱收縮。

鹽漬法：
烹調瘦肉的祕方

懷石大師小山裕久曾比喻法式烹調為油畫，日本料理為水墨畫——油畫繁複費時，上色層層疊疊，然而稍有出錯也不難修改；水墨畫則樸素精簡，下筆即見優劣。同樣的說法，我認為也適用於比較肉類烹調：舉凡多筋多肥的老肉適合文火慢燉至酥爛，雖費時卻可以微調掌控；而精瘦之肉，如豬里脊、牛菲力、雞胸等等，則講究精確火候，稍稍一過頭就顯得乾硬老澀，補救不得。為了預留一點轉圜空間，中菜裡常將瘦肉切成薄片細絲，上蛋清薄粉又過溫油以保滑嫩，而西廚的方法則普遍是泡鹽水。

哈洛德·馬基在《食物與廚藝》一書中解釋，濃度超過 5.5% 的鹽水（brine）能夠溶解部分蛋白質，防止肌肉預熱緊縮，同時提高細胞間 10% 的含水量，使之不易燒乾。濃度 5.5% 的鹽水（五·五克的鹽溶於一百毫升的水）大約和海水一樣鹹，肉類醃泡其中最少需四小時，最好隔夜。如此醃過的肉鹹度恰恰好，而且烹調後果真飽滿多汁，紋理交織細密，不見一絲絲的肌肉。有了鹽水，我燒瘦肉如獲神助，少有敗筆。麻煩的是鹽水必須先煮開放涼，浸泡時容器很占冰箱的空間，烹調前又必須把肉瀝淨擦乾。

為此，我特別喜見近年來風行歐美的「乾式鹽漬法」（dry brine）。此法由舊金山 Zuni Cafe 的主廚茱蒂·羅傑斯（Judy Rogers）推廣開來，基本上就是在肉的表面抹定量的鹽，而它非但不像過去大家所相信的那樣，會把肉裡的水分吸乾，反而和泡鹽水有一樣神奇的保水作用。

羅傑斯建議，每隻 2¾ 磅到 3½ 磅的中小型全雞用 2¼ 茶匙的海鹽（海鹽比精鹽粗，一茶匙將近三克），換算為公制大約是千分之七到千分之八的濃度，也就是說每一公斤的全雞要塗抹七至八克的鹽。由於全雞帶骨，使用於精肉時我再將比例稍微調高至千分之十，也就是 1%——每一百公克的肉用一公克鹽，很好記！稍微做過幾次以後就可以純憑感覺和眼力，無需測量了。

　　鹽漬所需的時間同樣是最少四小時，最好隔夜。一開始鹽會使肉微微出水，但過一會兒水分就會同鹽一起被回收進去，透過毛細作用均勻散布肌肉組織，使之汁水豐盈，裡裡外外都有味道。其餘如薑、蒜、辣椒等香辛調料可以隨意調配，煎、煮、炒、炸也比照平日，唯獨不同的是火候掌控變得更容易，讓人以為你買的肉品種特優，手藝也爐火純青呢！

墨西哥式烤豬柳配番茄 Salsa（2 人份）

● 烤豬柳
豬里脊：1 條（約 300 克）
鹽：約 3 克
紅糖：1 小匙
墨西哥式辣椒粉：1 茶匙
沙拉油：1 大匙
● 番茄 salsa
大紅番茄：1 顆
香菜：1 把
蒜泥：1 小匙
鹽：少許
胡椒：少許
檸檬汁：1 大匙
橄欖油：1 大匙

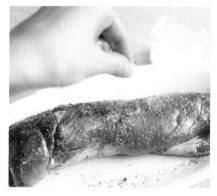

做法

1／　豬里脊洗淨擦乾，將鹽、糖、墨西哥辣椒粉均勻的塗抹於表面，冷藏4～20小時。

2／　烤箱預熱175℃。平底鍋以中大火燒熱，倒入沙拉油，里脊肉下鍋煎黃，約6～8分鐘。

3／　將里脊肉放置於烤盤，移入烤箱15分鐘。取出後以手指按壓，如果仍非常柔軟，再烤5分鐘。理想的熟度是8、9分熟，肉中心帶微微一抹粉紅，此時里脊肉的彈性和柔軟度相當於大拇指和無名指相招時，手掌靠近虎口肌肉的軟硬度。

4／　里脊肉靜置3～5分鐘，同時準備salsa醬：番茄切小塊，香菜切碎，與調料拌勻。

5／　里脊肉切厚片，盛盤後淋上salsa醬。

青與脆

　　我曾在一個「如何鑑定你是個『紅脖子』（Redneck，也就是美式土包子）」的書籤上看到，除了「你偶爾在門外小便」和「你太太打嗝比你還大聲」等等特徵之外，標準「紅脖子」通常也認為「四季豆應該煮軟一點」。有鑑於我打飽嗝的機率本已高過我先生，為他的名譽著想，我對四季豆的青脆有很嚴格的品管要求。

　　四季豆的烹調在西餐裡算是基本功，廚藝學校裡對此耳提面命，非常重視。早在二十世紀初，以建立專業廚藝系統聞名的法國大廚埃斯科菲耶就在他集一生大成的鉅著 *Le Guide Culinaire* 上清楚點明：烹煮四季豆時必須用一大鍋滾水，水裡撒鹽，不加鍋蓋，汆燙至稍軟但仍鮮綠青脆即須起鍋；如不馬上食用或是要另外清炒調味，必須先急速於冰水中降溫，以免餘溫改變口感色澤。

　　這個程序聽起來很嚴格也有點麻煩，但經驗證明如此烹調出來的四季豆的確特別爽脆，色澤也格外鮮明。其實不只是四季豆，所有的綠色蔬菜汆燙過後都會變得特別翠綠。烹飪理論大師哈洛德‧馬基解釋說，綠色蔬菜一旦加熱，細胞之間的空氣會膨脹釋出，產生撥雲見日的效果，讓組織內部反射綠色光束的葉綠素（Chlorophyll）變得特別清晰鮮明。然而隨著蔬菜內部溫度的持續上升，或是任何酸性物質的介入，葉綠素分子中的「鎂」原子會流失，由「氫」原子代替，改變整體分子的結構，由 Chlorophyll 變

成 Pheophytin，也就是所謂的「脫鎂葉綠素」。脫鎂葉綠素反射灰色和黃色的光束，這也就是為什麼加熱過久的綠色蔬菜（如自助餐廳熱爐上那些青菜）總顯得灰暗土黃。

有些人說既然酸性物質會讓葉綠素脫鎂，那麼在烹調綠色蔬菜的時候就加點小蘇打，讓 PH 值呈現鹼性吧！哈洛德・馬基說這麼一來顏色的確能保持翠綠，但口感卻打了折扣，因為鹼會破壞蔬菜的細胞組織，讓原本的青脆轉為軟爛。

一般青菜葉由於比較快熟，大火快炒就可以青脆上桌（如果火太小或鍋不夠大，也容易把青菜燜黃）。但由於四季豆比較粗硬，即便用到最細嫩的法國品種 haricots verts，還是需要時間熟透，光用炒的不行，非得先汆燙或油炸，所以一定要聽埃斯科菲耶的話。我通常會用滾水燙四季豆三至五分鐘，先試吃確定脆軟合宜，然後立刻泡冰水降溫，瀝乾以後可以放在冰箱裡保鮮一天不失翠綠，臨上菜前再下鍋用一點油同薑或蒜拌炒，加一大撮鹽（因為四季豆很吃鹽），然後幾滴麻油或一點白醋就是中式口味（醋不要太早加，因為擺久了會變黃），刨一點檸檬皮和黑胡椒就是西式口味，興致來時還可以加一點杏仁片、番茄丁、辣椒、肉末……，盛在盤中碧綠修長，吃起來青脆爽口，無論中餐、西餐都是很理想的蔬食配菜。

在此順道說一下，很多人以為「綠豆」的英文是 Green Bean，其實 Green Bean 是四季豆，Mung Bean 才是綠豆。所以千萬不要形容那個涼夏宜人的綠豆湯為「Green Bean Soups」，會讓人以為是煮得軟綿綿的四季豆湯……

蒜香四季豆

四季豆：1 把
沙拉油或奶油：1 大匙
大蒜：1 ～ 2 瓣（切碎）
鹽：適量
刨絲檸檬皮：少許

1 / 四季豆洗淨去蒂頭（如果是偏粗狀的品種，由蒂頭沿著豆身往下拉，將粗硬的
細莖拉除）。

2 / 煮一鍋水，水滾了撒入 1 撮鹽，倒入四季豆，不加蓋滾煮約 2 ～ 3 分鐘，直到
色澤明顯變得更翠綠，口感熟而清脆。撈起後立刻沖涼或浸泡冰水，瀝乾切段
備用。

3 / 炒菜鍋以大火加熱，入油與蒜末爆香，接著下四季豆、鹽和檸檬皮拌炒，品嘗
調整鹹度（四季豆特別吃鹽）即可。

炒糖色

我過去做紅燒菜式總懶得炒糖色，因為經驗告訴我，加了糖的醬油酒水只要最後大火收汁，自然會變得晶亮泛紅，所以心想何必多此一舉？

某日心血來潮想做個實驗，破例在煎好五花肉的油鍋裡融化兩大匙砂糖，直到焦化轉為深棕色，然後肉片回鍋拌炒，加醬油、紹酒、八角、肉桂、蔥薑蒜，少許清水蓋過，煮開轉小火慢燉了兩小時。

驚喜的是，燒肉從一開始就呈現遠遠凌駕以往的紅豔色澤，完全不需要等大火收汁。這下我搞清楚了，如果你燒的是無錫排骨之類的菜式，不需要太多醬汁，大可省略炒糖色的步驟，最後收乾水份持續加溫就能達到糖份的焦化。但如果你希望留下多一點醬汁拌飯，又想兼顧鮮豔晶亮的色澤，那麼炒糖色的步驟就不能省略。除了相貌加分之外，焦化後的糖釋放出濃郁的氣味分子，口味更深更有層次感，絕不死甜，搭配燉肉非常理想。

足可見老祖宗的小技巧是很有道理的，不過反過說來，傳統上認定冰糖燒出來的菜色比砂糖漂亮，但好幾次我家裡剛好沒冰糖，用砂糖代替感覺毫無差異。還有很多人堅持做紅燒肉只加酒不加水，我自己倒覺得酒用多了容易顯得酸和苦，味道不見得加成，稍微對點清水能防止燒焦，而且水份最後反正會揮發掉。再來就是大陸一般人做紅燒肉喜歡加老抽醬油，認為顏色深一點好看，但我認為老抽顏色太深暗漆黑，不如用普通生抽燒出來的紅而亮。

紅燒肉

材料

帶皮五花肉：450g
冰糖或砂糖：2 大匙
蔥段：2 ～ 3 根
薑片：1 ～ 2 片
生抽醬油：約 ½ 杯（120 毫升）
紹興酒：約 ½ 杯（120 毫升）
八角：1 粒（可省略）
桂皮：1 根／片（可省略）

做法

1 / 　五花肉依喜好切塊或切片（如果做蘇式紅燒肉就切方丁，搭配刈包就切約 1 公分厚片），不需焯水，直接入乾鍋以中火煎至金黃後起鍋待用（如此上色之餘也逼掉多餘油脂），鍋內油脂保留少許。

2 / 　接著炒糖色。倒入冰糖或砂糖，與鍋內剩餘油脂稍稍炒拌均勻，以中大火融化，直到轉為深棕色。立即加入蔥段薑片與煎好的五花肉拌勻。

3 / 　接著倒入醬油、紹興酒與足夠清水蓋過。煮滾後轉小火，撇浮末，入八角桂皮，加蓋慢燉約 1 小時（中間檢查幾次以免燒焦），直到肉可以輕易用筷子戳入。如果嫌肉汁太淡太稀，轉大火滾煮收汁至濃即可。

✓　**小叮嚀**

＊正宗蘇式紅燒肉講究純粹，只加醬油、糖和酒調味，其餘如蔥薑蒜八角桂皮都視為奇門左道。然而口味畢竟是主觀的，紅燒肉做法也不只蘇州一處，大家儘管放心依喜好調理。

若欲搭配刈包請參照以下食譜：

台式刈包

材料

中筋麵粉：300 克

水：160 克

即溶酵母：3 克

細砂糖：25 克

鹽：1 小撮

沙拉油：10 克

防沾烤紙：1 大張（切成小片）

做法

1 / 所有材料混合均勻後揉至光滑，放在盆中以保潔膜包覆，靜置發酵約 1 小時。

2 / 發好的麵團搓成長條，再切成 12 等分。

3 / 小麵團搓成圓形，擀成約 5 公釐厚的橢圓片（桌面要撒麵粉，以防沾黏），於表面薄薄刷上一層沙拉油，然後對半折疊，擺在裁好的烤紙上，放入蒸籠靜置發酵 20 分鐘。

4 / 蒸籠擺於裝了冷水的鍋上，開大火，從水滾冒蒸氣開始再蒸 10 分鐘即可。

花生粉

去皮花生：半碗

砂糖：1 大匙

1 / 烤箱預熱 180℃。花生平鋪於烤盤，入烤箱約 5-8 分鐘，直到香氣濃郁，色澤金黃。

2 / 烤好的花生取出放涼後，與砂糖一起放入打碎機攪拌至粉狀即可（切勿攪拌過久，否則出油了就會變成花生醬）。

　　蒸好的刈包皮夾入一片紅燒肉，加少許酸菜和花生粉，就是最美味的台式刈包，絕對打敗紐約名廚 David Chang 的版本！

五分鐘
歐式麵包

　　最近我染上了麵包熱，沒事就烤一條麵包不說，三天兩頭就出門買麵粉，短短兩星期竟用掉了五大袋，不禁擔心我的身材是不是也跟麵團一樣，在這微涼的初冬逐漸發酵膨脹……

　　這股熱潮的起因是我發現了一本非常特別的食譜，名為 *Artisan Bread in Five Minutes a Day*（五分鐘歐式麵包）。這本書的立論基礎跟當年吉姆·拉赫（Jim Lehey）紅透半邊天的「免揉麵包」一樣，主張使用高含水量的麵團，只需攪拌不用揉麵，以長時間低溫發酵的方式提升麵筋組織與自然香氣，最後在有蒸汽的環境裡高溫烘烤，產生皮脆心軟，媲美專業麵包店的「工匠級」麵包。

　　有別於拉赫的是，這本書的作者傑夫·赫茨伯格（Jeff Hertzberg）與柔伊·弗朗索瓦（Zoe Francois）建議一次攪和多次分量的麵團，裝在有蓋的塑膠桶內放入冰箱冷藏，於兩星期內分批使用，麵團的味道隨著長時間低溫發酵會越來越豐富，孔隙質感也越來越好。一桶麵團用完後，桶子也不要洗，直接在裡頭再和一團麵，原本黏在桶身桶底的剩麵就成了「麵種」，讓新和的麵很快染上「老麵」的香沉。

　　既然冰箱裡已有一大桶麵團，我再也不需要為了烤麵包而提早一天半日做準備，也不用擔心一次烤的麵包分量太大，吃不完會乾掉。現在我每天想吃麵包的時候，只要照人數多寡取出一小塊麵團，整形後擺個一小時

就可以進烤箱，所以餐餐都可以有剛出爐的麵包，而且變化多端。光是一個基本白麵團就有多種用法：拉成長條是很像樣的「棍子」baguette，棍子再切成小塊烤就是餐包，擀平了撒餡料烤是很薄脆的 pizza，直接在平底鍋上烙就像印度的烤餅 nan，再擀薄一點烤到中心膨起就是中東希臘的口袋餅 pita……

我昨天烤了一個聖誕花圈給我的老闆 Chef Mike，他畢竟是愛吃的人，看到這麼漂亮的麵包竟毫無憐惜，馬上剝了一塊入口，然後一臉驚訝的說：「這個皮也好，肉也好，孔隙漂亮又有彈性，你一定花了很多功夫做吧？！」這麼一說讓我得意了好久，不想告訴他其實這只是我早餐包和午餐包之間心血來潮的實驗作品。

所以說，這食譜雖然號稱「五分鐘麵包」，一旦做上癮了，恐怕連五天都不夠！

五分鐘麵包

溫水（稍微高過體溫即可）：3 杯
乾酵母：1½ 大匙
鹽：1½ 大匙
中筋麵粉：6½ 杯

✓ **小叮嚀**

＊如果用全麥粉，只能用中筋：全麥 =5：1 的分量。因為全麥粉的筋度不夠，用多了會發不起來。

做法

1 / 把所有材料攪和成團，放入約 5 公升容量、有蓋的鍋子或塑膠桶／盒中（不要用密封不透氣的容器，因為麵團發酵期間會產生氣體，必須消散），在室溫下靜置發酵約 2 小時，直到麵團表面膨脹攤平為止。放入冰箱冷藏 3 小時後即可使用，可存放 14 天。

2 / 先在手上與麵團表面撒一點麵粉，抓起約葡萄柚大小的麵團，用剪刀剪下，如果沾手就撒更多麵粉，稍微揉整，將麵團塑成圓形，表面拍上麵粉。整好的麵團放在撒了玉米粉或麵粉（防沾用）的烤盤烤紙上進行最後發酵 60 ～ 90 分鐘（作者說只要 20 ～ 40 分鐘，但依我的經驗是久一點比較好）。

3 / 烤箱預熱 450˚F ／ 230˚C。作者建議用石板、陶板或磚塊鋪在箱架上，並在下一層烤架上擺一個空的烤盤（用來裝水）。如果沒有石板，用有蓋鐵鍋或康寧鍋具也可以。作者還說預熱 20 分鐘就好了，即使烤箱上指示溫度還沒有到。

4 / 發酵好的麵包表面切割線條（多撒一點麵粉比較好切），移至預熱的石板上，並在下方的烤盤倒一杯熱水，烤 20 ～ 25 分鐘。如果用鐵鍋，直接把麵團同烤紙一起移入鍋中，加蓋即可，最後 10 分鐘開蓋烘烤，直到表面金黃。

5 / 烤好的麵包冷卻後即可切食。

✓ **小叮嚀**

＊ 1 杯水 =240cc，1 杯麵粉 =5 盎司 =140 克

五分鐘
軟式麵包

　　剛才跟爸爸講電話,他說他這幾天在家裡照我的說明烤麵包,成功得不得了,一天就吃掉了半桶麵。我的腦神經花了好幾秒才處理完這個違背常識的訊息:爸爸烤麵包,太不可思議了!

　　印象中,在我很小的時候爸爸做過一次菜(大概是因為跟媽媽打賭輸了吧),接下來數十年除了喝開水和打蟑螂,他很少進廚房,大概連筷子擺在哪個抽屜都不知道。這樣超有男子氣概而且脾氣火爆的工程師爸爸竟然會自己做麵包,還告訴我「麵團裡加點葡萄乾很不錯」,又說他最近跑了幾次廚具店,買了量杯、烤盤與烘焙用紙,下回也打算買個鑄鐵鍋。我們接下來討論發麵的理想溫度與用不同筋等麵粉的性質差異,還順便辯論了一下清蒸牛腩要用哪個部位,是配蔥花好還是香菜好;整個通話的過程讓我有一種乾坤大挪移、身處平行世界虛擬現實的感受。初始的驚訝平息後,我心底湧出一股歡欣與驕傲,那大概跟做媽媽的看到孩子踏出第一步的感覺差不多吧。

　　爸爸覺得我這麼驚訝很不給面子,他說:「你以為你那麼會做菜是哪裡來的?這本來就是遺傳的嘛!」

　　興奮之餘,我決定再來分享一個食譜。這星期我依照 *Artisan Bread in Five Minutes a Day* 這本書的指示,攪和了一桶含奶蛋蜂蜜的 challah 麵團(發音類似「哈啦」,是希伯來文),烤出來的各種麵包帶到大大小小的

聖誕派對廣獲好評。有別於上一篇談到的歐式脆皮麵包，烘烤這種款式麵包不需石板或鐵鍋，只要有個烤盤就好了，對於廚房設備不多的人來說非常方便。

五分鐘軟式麵包

溫水：1¾ 杯（420 毫升）
乾酵母：1½ 大匙
鹽：1½ 大匙
雞蛋：4 顆（打散）
蜂蜜：½ 杯（120 毫升）
無鹽奶油：½ 杯（4 盎司／ 112 克，融化放涼）
中筋麵粉：7 杯（35 盎司／ 980 克）
蛋汁：少許（上色用）
黑芝麻（裝飾用）
非密封式有蓋塑膠桶（約 5 夸脫容量）

1 ／ 把前 7 項材料倒入塑膠桶攪拌混合均勻，加蓋後於室溫下靜置發酵約 2 小時，直到麵團表面膨脹攤平為止。放入冰箱冷藏 3 小時後即可使用，可存放 5 日。

2 ／ 用不完的分塊包好冷凍（每塊 1 磅重），可保存 4 週，使用前放入冷藏庫隔夜解凍。

3 ／ 烘烤前 20 分鐘預熱烤箱 350°F ／ 175°C。

4 ／ 在冷藏發酵好的麵團上撒一點麵粉，抓一塊約葡萄柚大小的麵團。

5／　製作標準辮子型 challah，把麵團分為 3 等分，搓成長條，編辮子，放在抹了油或鋪了烤紙的烤盤上靜置發酵 1.5 小時。

6／　刷上蛋汁，均勻的撒芝麻於表面，放入烤箱 20 ～ 25 分鐘，直到表面金黃。

7／　放涼後切片可食。

肉桂捲

另外我也嘗試製作肉桂捲：把麵團擀成約 35×20×0.5 公分的長方薄片，在表面抹牛油（約半條），撒上紅糖（約半杯），肉桂粉（約 1 茶匙），切碎的核桃（約半杯），由長的一邊捲起來，切成兩 3 公分厚的圓圈，平擺靜置 1.5 小時，刷上蛋汁放入烤箱 20 ～ 25 分鐘。

鹹派

形似木乃伊的鹹派是從食譜作者的部落格那裡學來的，裡面我加了煮熟後擰乾切碎的菠菜、炒蘑菇、番茄乾、松子與帕瑪森乳酪。如果要吃甜的，就放加糖炒軟的水果或果醬也行。

短短幾個小時見證一個麵團生長茁壯，在我的培育下成型……最後捧在手心的那股歡喜與成就感，大概跟抱個孩子差不多吧！

吃不完的麵包

在家裡常烤麵包的一大疑難是：麵包吃不完怎麼辦？多擺兩天就乾了，但丟掉又好可惜，賢能的主婦與精打細算的大廚對這種浪費都是忍無可忍的！但與其逼自己悲情的硬吞下乾麵包，我這裡倒有幾個廢物利用的方法可以跟大家分享。

1 香料麵包丁

記得在餐廳裡吃凱撒沙拉時，蘿美生菜葉上一定會有的幾塊金黃色麵包丁嗎？那個東西叫做 crouton，吃起來鹹鹹脆脆的，可以為沙拉創造另一層次的口感。有些超市裡可以買到現成一盒的 crouton，不過這種東西實在沒有必要用買的，因為在家裡隨手就可以做出來，要多少做多少，還可以自己調味。

首先把硬麵包的皮切除（最好用鋸齒狀的刀），然後把麵包切成小塊。如果麵包內部還是有點溼潤，可以攤平在烤盤上讓它自然風乾，或是放入100℃ 的烤箱烘個十幾二十分鐘，稍微乾燥點就好了，不需要硬得跟石頭一樣。

如果麵包丁的分量不大（約一小碗），最好的方法就是用平底鍋製作。平底鍋以中火預熱，加入一大匙的牛油或橄欖油，然後把一瓣壓碎的大蒜

丟入鍋中，直到煎出香氣即可取出棄置。這時倒入乾麵包丁，撒少許鹽和胡椒，也可以加一點切成碎末的新鮮香草，慢炒至四面金黃即可。

如果麵包丁的分量比較大（比如用一整條 baguette 棍子麵包），那麼最好用烤箱製作。用三四大匙橄欖油或半條牛油和蒜瓣炒香，倒入大碗中和麵包丁拌勻，加適量鹽、胡椒與香草調味，然後平鋪於烤盤上，用 175℃ 烘烤十五到二十分鐘，中途以鍋鏟翻面一兩次以確保上色均勻。

煎烤好的麵包丁除了搭配生菜，也可以用來裝飾調配蔬菜濃湯。

2 自製麵包粉

和上面的第一步驟一樣，先把乾麵包的皮切除，然後切小塊，如果內部太溼潤就攤平風乾或烘乾。把乾麵包丁倒入食物處理機（我只有一台最小型的，做醬料和研磨香料很方便），按鈕進行切碎處理約三十秒，直到麵包呈粗粒的碎屑狀即可，裝入盒中放冰箱裡可以保存一星期。

麵包粉的用途可大了，除了最常見的裹粉油炸以外，我喜歡用一點橄欖油，加上蒜末、鹽、胡椒和隨便哪種新鮮香草（也可以加碎檸檬皮、鯷魚、Dijon 芥末、辣椒等等），以中火炒香直到金黃。炒好的麵包粉鹹香焦脆，用來點綴食物可以造成視覺與口感的對比，和軟爛的燉煮肉類尤其相稱，撒在翠綠的水煮蘆筍或四季豆上也好，甚至抓一把當零食吃也行。

做任何奶油焗烤類的食物時，我也喜歡把麵包粉先用一點橄欖油和調味香料抓勻，於烘烤的最後十分鐘撒上菜色的表面，再放回烤箱。菜餚出爐時帶著一層金黃的脆皮，底下是奶白滑嫩的通心粉／海鮮／馬鈴薯……要抗拒很難。

3 做濃湯

一般做濃湯的時候，除非使用澱粉質高的蔬菜（如馬鈴薯、南瓜、花椰菜……），我們通常會炒一點麵糊或是加一些鮮奶油以提高湯的濃稠度。但其實也可以加入幾塊乾硬去皮的麵包，用果汁機與湯汁一起攪拌均勻，馬上就變濃了！西班牙著名的番茄冷湯（Gazpacho）與大蒜杏仁湯（Ajo Blanco）都是這樣做的。

4 麵包布丁

最後來介紹一個乾麵包做的美式家常甜點，叫做 Bread Pudding，是麵包與雞蛋布丁的結合，既簡單又好吃。如果使用孔隙大的歐式麵包（如棍子麵包／baguette 或拖鞋麵包／ciabatta），做出來的口感會比較輕盈；而使用孔隙小的奶蛋類麵包（如五分鐘軟式麵包、牛奶吐司、布里歐），口感則比較綿密，兩者都不妨試試。重要的是麵包本身必須非常的乾，這樣才能徹底吸收奶蛋汁，造成麵包中間有布丁的效果。

試過這種外脆內軟的布丁之後，下回難保不巴巴的盼望麵包趕快乾掉。

麵包布丁

材料

去皮麵包丁：3 杯
全蛋：3 顆
蛋黃：3 顆
牛奶：1 杯
鮮奶油：1 杯
（或是捨鮮奶油，總共
用 2 杯牛奶也行）
糖：半杯
鹽：1 小撮
香草精：1 小匙
肉桂粉：¼ 小匙

做法

1／麵包丁置於大碗中。其餘材料全部打散攪勻，過篩後倒入盛麵包丁的碗中，盡量蓋過麵包並靜置 30 分鐘，讓麵包徹底吸收奶蛋汁，同時預熱烤箱至 160℃。

2／麵包和奶蛋汁裡可以自由添加水果、巧克力、葡萄乾（我加了 1 根切片的香蕉和 1 小把藍莓），也可以什麼都不加，直接倒入烤盤（我用的是 9×6×2 吋的橢圓型烤盤，也可以用小布丁模烤個人份的，時間短一點）。

3／包上錫箔紙先烤 20 分鐘，然後取下錫箔紙繼續烤 20 ～ 30 分鐘，直到以刀尖測試中央部位呈固態即可取出。

柑橘漬海鮮

　　如果你嘗試把幾滴檸檬汁和白醋淋到新鮮的生魚上，耐心等幾分鐘，你會看到魚肉的表面漸漸變成白色，就好像放進滾水裡燙過一樣。如果讓生魚浸泡在這樣酸性的汁液裡，放入冰箱幾小時，魚肉最終會徹底轉白，質地也會變得比較緊實，基本上它已經「熟了」。

　　這種由生至熟的過程理論上不能算是「cooking」，而是「denaturing」，也就是改變質性——原本扭曲折疊的蛋白質結構遇酸會自行伸展開來，失去它原本的 nature；伸展開來的蛋白質分子又會互相串聯，交織成更緊密的結構，也因此造成扎實的口感。此外，柑橘汁液的酸性像高溫一樣可以殺菌，所以酸漬過的魚蝦貝類吃了不容易生病。

　　發源自祕魯的拉丁美洲名菜 ceviche 就是運用這個道理來調理海鮮：把切成小塊的魚肉或蝦蟹貝類用萊姆、檸檬或橙橘汁液浸泡，再加入切細碎的辣椒、洋蔥、香菜與海鹽，就是一道辛香爽口的海鮮冷盤。

　　傳統的 ceviche 做法通常註明要將海鮮在柑橘汁裡浸泡隔夜，為的是徹底熟透並殺菌。我試著這麼做，結果一來等得有點不耐煩，二來海鮮完全「熟透」後口感比較硬，少了生鮮的那股嫩滑和清甜。後來我想想，既然生魚片都常吃了，有柑橘汁殺菌的 ceviche 其實只要吃半生熟就好，浸泡兩小時綽綽有餘。當然，如此一來海鮮的品質就格外重要，一定要非常新鮮。

干貝

　　這裡我選用的是北海道運來，註明可「生食用」的急凍干貝（現在很多超市都有賣，一盒五百克差不多有二十五大顆，只花了我一百港幣）。為了保持衛生，解凍一定要在冰箱裡進行，通常冷凍干貝沖過冷水以後，冷藏幾小時就會完全化冰。我把解凍後的干貝先橫切成兩塊薄片，接著把每片切成六等分，各約一公分見方。

醃料

　　醃料的部分，我用一顆萊姆配半顆柳橙的比例榨果汁，總量多少不重要，只要能完整覆蓋干貝就好。醃好的干貝放入冰箱裡冷藏兩小時。

調料

　　接著準備調料，我用六顆干貝搭配以下的分量：

柑橘漬干貝

 材料

紫洋蔥末：1 茶匙	香菜末：2 大匙
指天椒：1 支	鹽：半茶匙
（去籽切末，怕辣最好帶手套切）	橄欖油：1 大匙
芒果：1 顆（切小丁）	

 做法

干貝從醃料中取出瀝乾，加入調料拌勻即可盛盤，裝在湯匙裡或馬丁尼酒杯都好看。半生熟的干貝和芒果一樣腴滑鮮甜，加上柑橘香與微微辛辣，炎夏非常開胃，是很簡單的一道前菜。

超簡易
水果奶酥

　　我向來懶得做甜點，因為甜點通常需要打蛋、篩粉用掉好幾個碗盆，又要精確的掌握重量和時間，與我平日做菜比較隨意的習性大相逕庭。不過這裡要介紹的這道水果奶酥倒是出奇的簡單，而且失敗率小，材料也隨手可得，偏偏看起來又很有架式，端出來請客總引發此起彼落的「喔……啊……」讚賞，可謂懶人甜點第一首選。

　　這道甜點在前一陣子發行中文版的食譜──愛莉絲・華特斯（Alice Waters）著作的《食滋味》（The Art of Simple Food）裡稱為「水果脆片」，也就是 Fruit Crisp 的直譯，但我覺得「水果奶酥」或許更傳神一點。它基本上就是把等重量的麵粉、奶油與糖混合在一起（也可以添加一些核果或燕麥），鋪撒在層層疊疊的水果表面，放入烤箱直到水果軟化出汁，奶酥焦脆金黃。臨上桌前再覆蓋一球冰淇淋，造成冷熱與脆軟的對比：預熱微融的香草冰淇淋變成烤水果的醬汁，而酸甜的果漿汁液則也像是冰淇淋的醬汁，兩者你儂我儂，再搭配香脆的奶酥，簡簡單單一道甜點就有很豐富的層次感。

　　水果的部分有很多選擇，其中以蘋果最為經典。我喜歡用比較酸的青蘋果，但其他品種的（如富士）也很適合，切成約一公分厚的片狀或小塊，加一點肉桂粉，喜歡甜一點就加幾匙糖，若太溼也可以加一匙麵粉或太白粉，鋪上奶酥烘烤後就像個開放式的簡易蘋果派。其他常見的選擇包括桃

子、李子、杏子、梅子或櫻桃，去核後切塊即可（唯水蜜桃需要去皮）。另外如草莓、藍莓、覆盆子等等莓子類都很適合，也可以與其他水果混合使用，增加口味與色彩的多樣性，喜歡吃鳳梨酥的人不妨試試懶人版的「鳳梨奶酥」，盛產芒果和香蕉的季節也可以把它們丟進盤子裡烤一烤。原則上越軟的水果就切越大塊（免得一下子就烤爛），太酸的水果就加點糖，如此而已。

蘋果奶酥

● **蘋果餡料**

中型蘋果：6 顆（去皮去核後切成約 1 公分厚片）

砂糖：2 ～ 3 大匙

肉桂粉：¼ 茶匙

中筋麵粉：1 大匙

● **奶酥**

中筋麵粉：4 盎司

砂糖：4 盎司（也可用 2 盎司的黃糖 Brown Sugar 搭配 2 盎司的砂糖，味道比較香也比較不甜）

無鹽奶油：4 盎司（切成小塊並保持冰涼）

切碎的核果：1 把（如杏仁、核桃、榛果或是燕麥片）

1 / 烤箱預熱 350°F ／ 175°C。

2 / 將蘋果餡料均勻混合，堆放入直徑約 9 吋，深度約 2 吋的塔模中（或是任意形狀的焗烤盤、手把能受熱的平底鍋、單人份的布丁模或陶瓷咖啡杯等等）。

3／　所有奶酥材料放入大碗中，用指尖把奶油捏開，混合於麵粉、砂糖間，直到呈
　　豆粒大小的不規則塊狀。

4／　把奶酥均勻的鋪撒在水果上，放入烤箱烘烤 45 分鐘至 1 小時，直到奶酥金黃透
　　香，水果柔軟溢汁（容器的選擇很隨意，上面是平底鑄鐵鍋，下面是小烤盤）。

5／　盛盤後每人加 1 球冰淇淋，大功告成！

✓　小叮嚀

＊ 4 盎司 =113.5 克，但其實測量時無須拘泥特定重量，只要麵粉、糖和奶油等重即可。
＊容器越大或水果堆得越厚，烘烤的時間就越長。如果奶酥已經焦黃了水果還沒有烤軟，就在上
　面包一層錫箔紙繼續烤，等水果軟了再拿下錫箔紙多烤 1 ～ 2 分鐘，見奶酥香脆即可。
＊這裡提供的奶酥分量適用於 6 顆蘋果，如果使用較小的容器與較少的水果，剩餘的奶酥可以裝
　入袋中冷凍保存 2 個月。隨時有需要，直接將冷凍的奶酥鋪撒於水果上，置入烤箱烘烤即可。

冬日裡的
番茄驚喜

　　我一直以為番茄是夏天才收成的作物。以前住在西雅圖的時候，我的鄰居 Penny 在屋前開了一方菜園，每到七、八月，太陽好不容易出來了，總會看到番茄一顆顆的轉紅，沉甸甸壓著枝幹，我也樂得做個不需播種耕耘，只幫忙收成享用的好鄰居。同一個時節，超市和菜農市場裡也總是堆滿了或胖或瘦，或圓或扁的各式番茄，食譜和美食雜誌上也會告訴你，夏天用不完的番茄可以熬醬裝罐，否則天氣一冷就只有無味的溫室品種或南半球運來的昂貴進口貨。義大利來的師傅更曾告訴我：「冬天是不可能有新鮮番茄的，非吃不可的話只能用罐頭。」

　　這也就是為什麼我最近逛菜市場常感到驚喜錯愕的原因。過年期間香港又陰又冷，氣溫最低只有八度，沒想到灣仔道上的「菜菜子」竟然擺了幾簍鮮豔多彩的小番茄（這裡叫做「車厘茄」，是 cherry tomato 的音譯），全是新界一帶的小農場有機種植的。這些番茄大小長短不一，以紅黃兩色居多，有些日子會忽然跑出幾個黑紫色和青綠色的小傢伙，不仔細看還以為是葡萄。老闆娘告訴我紫色的味道特濃特甜，我試吃一顆，果真汁液奔竄，喉頭一陣清香，於是馬上抓了一大把。一斤三十元港幣的價錢雖然不便宜，比超市裡那些日本、荷蘭和以色列進口的非有機番茄還是少了一半以上。

　　這麼鮮甜的番茄根本不需要怎麼處理，回家清洗切半，撒點鹽和胡椒，淋一點橄欖油就可以上桌。我家裡剛好有剩一點新鮮的山羊乳酪

（Chevre），就順手撥了些進去，又切了一條小黃瓜拌在一起，盛在深色的碗中顯得晶瑩剔透，恨不得串起來當項鍊戴在身上。又或許因為心裡受到「番茄是夏季食物」這種溫帶觀念的制約，我捧著一碗五彩沙拉，覺得陰灰的天空好像忽然明亮了起來。

前天買了一條小石斑魚回家，剔了骨的魚排剛送入小烤箱，我又心血來潮把幾顆紅黃小番茄切了丁，和醬油、青檸汁與橄欖油調成醬，滴灑在烤好的魚排上。我對鮮豔的顏色和微酸的口味向來有偏好，所以這盤魚我看了就開心，吃起來也滿意。

當運氣不好或時機不對，買不到有機多彩番茄的時候，我喜歡買成串的小番茄。這些通常是溫室栽培的，所以顆粒大小均勻，味道稍微淡一點。既然買來就成串，烹調時我也喜歡保留著莖葉，整串上桌。以前在飯店的廚房工作時，常看到負責客房餐飲的廚師們為客人準備早餐，就是把這樣一整串烤過的小番茄橫掛在炒蛋和吐司麵包上，簡簡單單就很好看。

通常在餐廳裡為了提高質感，我們會把番茄燙過去皮，這樣在烹調時就不會有破裂翹起的邊角，吃起來也比較滑順，老實說我覺得這沒有很大的必要，不過學習為番茄去皮畢竟是一門有用的技術，所以在此也分享一下：

番茄去皮法

1 / 煮一鍋滾水，另外準備一大碗冰水。

2 / 每顆番茄在底部用刀尖畫十字切口，放入滾水中燙 10 秒，然後撈起丟入冰水裡。

3 / 冷熱差距會讓裂縫變大，皮肉分離，很容易就可以把皮整片撕下。

燙過去皮的番茄可以直接食用，也可以再加熱烘烤。我通常會撒一點鹽和胡椒，淋一點橄欖油，然後放入 160℃ 的烤箱（用小烤箱就選中火）烤個 8 ～ 10 分鐘，直到稍有吱吱響聲，表示均勻熱透但又不至於軟爛坍塌，或是脫水起皺摺的程度。烤好的番茄連莖帶葉的盛在盤中搭配主菜，溫暖多汁，要吃的時候一顆一顆的摘下來，好像把花園帶到餐桌上一樣，大人都變成小孩了！

土豆絲

　　之前在〈十秒鐘的境界〉一文中提到黎俞君主廚削一顆馬鈴薯只需十秒的神速，讓我從此對削皮這個動作格外萌生了練習的興致。那麼，削完皮的馬鈴薯，尤其如果只削一顆來計時，之後可以拿來做什麼呢？在此分享一個我最喜歡的中式做法──醋溜土豆絲。

　　土豆絲在港台不常見，但是在大陸很受歡迎（香港人管馬鈴薯叫「薯仔」，大陸則叫「土豆」）。切了絲以後大火快炒的馬鈴薯非常爽脆，完全不同於平日燉煮或烘烤以後的粉狀口感，再加上辣椒、花椒和白醋的酸香，吃起來竟有點像筍絲，而且……嗯……很下飯，硬是打破澱粉不配澱粉的刻板想法，而且一顆炒一大盤菜，非常省錢。我先生自從幾年前第一回在川菜館裡吃到土豆絲，就揚言這是他全世界最喜歡的馬鈴薯吃法（他可是從小吃馬鈴薯長大的），所以我也得學著炮製，順便定期鍛鍊切片和切細絲的速度。

　　這道菜做法很簡單，祕訣是馬鈴薯切成絲以後必須以清水沖洗表層的澱粉，這樣炒出來就不會黏糊糊、軟啪啪；還有當然就是火要大、手腳要快。

醋溜土豆絲

材料

中型馬鈴薯：1 顆
（薄皮品種的比較好、美式焗薯用的 Idaho potato 澱粉值太高）
油：1 大匙
蔥：1 支（切段）
蒜頭：1 顆（拍碎）
整粒花椒：1 小匙
紅辣椒：1 ～ 3 根（切絲）
鹽：約半茶匙
白醋：1 湯匙

做法

1 / 馬鈴薯去皮切薄片，約 3 公釐厚（切片前先把一面弧度切平，貼在砧板上才不會滑動；下刀時刀鋒要直，切出來厚薄才會一致）。

2 / 接著切細絲，約 3 公釐寬。

3 / 沖洗薯絲直到水色轉清（如果不馬上下鍋，薯絲必須浸泡在冷水裡以防止氧化變色），使用前瀝乾。

4 / 大火熱鍋加油，入蔥、蒜、花椒、辣椒爆香。

5 / 加入馬鈴薯絲，再加鹽和醋快速拌炒，約 30 秒即可起鍋。

芥藍的
義式滋味

　　在香港最常見的青菜就是芥藍，做法不外乎清炒或白灼，以蠔油調味，入口鮮嫩爽脆，苦中帶甜，我出門吃粥粉麵飯的時候通常會叫一碟。但或許因為它四季常青，唾手可得，每到了菜市場裡，我目光總是游移到其他季節性的蔬菜，對芥藍視而不見。

　　昨日在菜市場裡不經意盯著芥藍葉縫間成團的花苞，有點像迷你綠花椰（Broccoli），忽然想到以前在國外吃過的「球花甘藍」（Broccoli Rabe，有時拼做 Broccoli Rape 或 Rapini）也是這般修身綠葉、花椰團團的模樣，而且印象中似乎連味道都很像，只不過更苦一點。義大利南方阿普立亞（Apulia）地區的人習慣用橄欖油與大蒜、辣椒炒球花甘藍，有時也加點鹹魚、黑橄欖或是辣味香腸，搭配貓耳朵形狀的義大利麵（Orecchiette），上桌前再撒上一把鹹辛帶勁的 Pecorino Romano 乳酪，以重口味的配料壓抑球花甘藍的苦澀，就像客家人用鹹鴨蛋或豆豉小魚炒苦瓜是同樣的道理。最後苦雖然還是苦，搭配著鹹香辛辣卻變成一股快感，吃起來茅塞頓開，回味無窮。

　　我曾在台中著名的 K2 小蝸牛餐廳吃過這道菜——主廚王嘉平是「慢食運動」的篤行者，本著「吃在當地」的精神，以綠花椰代替台灣沒有的球花甘藍，配上他自製的 Salsiccia 辣味香腸，一大碗貓耳朵麵炒得噴香且賣相道地，唯一的遺憾就是少了那股苦味。不久前我又在上海的 Issimo 餐廳

點了這道菜，義大利籍的主廚以切片的蘆筍代替球花甘藍，味道也是非常好。蘆筍的青脆與微苦平衡了其他配料的重口味，可惜蘆筍的顏色呈淡綠，不像球花甘藍那麼深綠鮮明，也沒有團團花苞點綴，所以在賣相上少了點阿普立亞的氣息。

　　這會兒我打量著市場裡四處層層堆疊的芥藍，心中暗忖：它葉深綠、莖青脆、花苞朵朵、苦中帶甜……沒錯，球花甘藍的替身非它莫屬了！當下就買了一大把芥藍回家炒麵，實驗的結果以我個人口味來說非常成功，在此分享做法。

註

飯後上網查詢了一番，發現芥藍和球花甘藍沒有實質的關係，但是牽扯起來大概算得上「姻親」。原來芥藍和花椰菜同屬十字花科（難怪芥藍在美國叫做 Chinese Broccoli），而球花甘藍雖然名為 Broccoli Rabe 卻不是 Broccoli，反而和長得很像芥藍但絲毫不苦的「菜心」是異地同種〔所謂的菜油（Canola Oil）就是用菜籽（Rapeseed）榨出來的〕。有趣的是近幾年美國出現了一種全新培育的蔬菜，叫做 Broccolini，是由綠花椰和芥藍菜雜交而成，有綠花椰的淡味和芥藍菜的青脆，很多人說它吃起來像蘆筍，所以別名 Asparation（蘆筍英文名是 Asparagus），模樣卻像極了球花甘藍。這些菜互相沾親帶故，不是模樣類似就是味道雷同，也難怪世界各地的廚師們英雄所見略同，忍不住拿它們交替入菜。

辣香腸芥藍炒斜管麵（2 人份）

材料

斜管義大利麵（Penne）：約 200 克（當然用貓耳朵「Orecchiette」更道地）

初榨橄欖油：3 大匙

辣味義式香腸：1 條約 80 克（切厚片。我用的是西班牙的 Chorizo 辣味香腸，因為家裡剛好有）

大蒜：4 ～ 5 瓣（拍鬆切片）

乾辣椒末：1 小匙

芥藍菜：5 ～ 6 株（莖部斜切薄片，菜葉切大塊）

黑橄欖：1 把

佩克里諾乳酪（Pecorino Romano）或帕米吉安諾乳酪（Parmigiano Reggiano）：
1 大把（刨絲）

做法

1／　燒開一大鍋水，撒鹽下麵（請依包裝上的指示計時）。

2／　平底鍋倒入橄欖油，以中大火加熱。先加入香腸，炒至些微變色，接著入蒜頭與辣椒炒香數秒，最後加入芥藍菜與黑橄欖翻炒至軟身，以適量鹽和胡椒調味。

3／　麵煮好了瀝乾（保留一碗煮麵水），倒入平底鍋拌炒，如果太乾就加一點煮麵水，最後再酌量用鹽調味。

4／　盛盤後撒上刨絲的乳酪即可。

美乃滋的
墮落與榮耀

　　我對於美乃滋這東西有一股愛恨情仇，一方面嫌它噁心到了極點，一方面又覺得它很可憐，常年受到人們的誤解。讓我作嘔的美乃滋，是那種在某些台式漢堡和三明治裡塗得滿滿的，一咬就從四邊像膿一樣流出來，弄得一嘴甜膩的乳白色物質，或者是那擠在龍蝦和竹筍上，慘不忍睹的黏稠曲線，讓美食家焦桐形容為「如美人慘遭毀容」。然而嚴格說來，這慘狀並不是美乃滋的錯，而是大家常年濫用又缺乏想像與變通能力的結果。

　　惶不為人知的是，美乃滋（Mayonnaise）是法式經典醬料理的五大「母醬」之一，由生蛋黃和植物油乳化而成，調味的基礎則是檸檬汁、鹽與芥末，原屬於鹹酸微辛的口味。由於脂肪含量高，美乃滋特別需要檸檬來去油解膩，況且偏酸的 PH 值也可以防止生蛋黃製成的醬料滋生細菌。但不知為什麼，美乃滋跨洋到了台港大陸卻失去了關鍵的酸性元素，原本的鹹辛也被糖味取代，這對於平日不如西方人嗜甜的我們來說，實屬怪事一樁。而美乃滋的另一個名稱「沙拉醬」更是嚴重誤導，讓很多人以為生菜沙拉上一定要擠一坨黏稠的醬料，也難怪那麼多人不愛吃沙拉。

　　美乃滋究竟應該怎麼用，其實見仁見智。美國人一般拿來拌馬鈴薯和白煮蛋，荷蘭人拿來沾炸薯條。但我認為它加了大蒜就變成 Aioli（發音「愛歐里」），適合配麵包和蔬菜，再加點辣椒和番紅花則成了 Rouille（發音「胡易」），是搭配馬賽海鮮湯不可少的配料。加了切碎的酸豆、酸黃瓜、

洋蔥與荷蘭芹的美乃滋又搖身為 Tartar Sauce（塔塔醬），常用來搭配炸魚、炸蝦。

近年來我常在時髦的西餐廳看見三明治裡抹著咖哩美乃滋、辣椒美乃滋、柚子美乃滋等新奇醬料，滋味變化層出不窮，與甜膩的台式美乃滋不可同日而語。我在想，與其效忠台灣不太好的傳統，不如好好的做一個正宗美乃滋，然後從中創造出合乎本地口味的新醬料，比如豆豉、沙茶和蟹黃口味的應該都不錯！

有鑑於一般超市買不到像樣的美乃滋，以下我分享傳統的做法。大體來說，一顆蛋黃可以輕易乳化一百二十五至兩百五十毫升的植物油（米杯至一杯）。油加得越多，醬的顏色就越乳白，蛋味也越不明顯。（千萬別像我一位朋友的爸爸那樣，為了讓醬變白一點，在裡面加牛奶！）哈洛德．馬基特別指出，乳化成功的關鍵在於掌握油水的比例（油：水＝3：1），所以如果在乳化過程中發現醬料過於濃稠，甚至開始有油水分離的跡象，通常最好的搶救辦法就是加幾滴清水或檸檬汁。

講究食材的人或許會想：「吃那麼多沙拉油多噁心！我用特級初榨橄欖油來做美乃滋吧！」這個想法立意不錯，施行上卻肯定要失敗，因為初榨橄欖油裡特有的碎裂油分子會使乳化不穩定，稍擺一會兒就產生油水分離的現象，得不償失。所以建議大家還是使用一般的食用油，或是平價的橄欖油，頂多加一點初榨橄欖油來增添香氣就好了。

我很建議所有人在家裡至少試做一次美乃滋，因為看著蛋黃與油脂「乳化」是很奇妙的經驗，會讓你從此對罐裝醬料與乳霜產品有不同的認知，更會讓你對美乃滋的味道改觀。好吃與不好吃，原來只在一線之間。

自製美乃滋

材料

蛋黃：1個
法式芥末：1茶匙
檸檬汁：1茶匙
鹽：少許
蒜泥：少許（可省略）
植物油：半杯～1杯

做法

1／ 把蛋黃、芥末、檸檬汁、鹽與蒜泥放入一個大碗中，用打蛋器攪拌均勻。

2／ 先倒入少量植物油，用打蛋器迅速攪拌，使蛋黃吸收油脂。這樣反覆幾次後，可以開始持續緩緩的滴油，同時不斷的攪拌。如果醬料顯得太過濃稠，或開始有油水分離的跡象，立刻加幾滴清水或檸檬汁。油脂吸收得越多，醬料就越濃，顏色也越白。

3／ 全部乳化完成後，嚐嚐看並依口味調整鹽、蒜泥與檸檬汁的分量，或者加入其他調料攪拌均勻，進行創意變化。做好的醬料請保持冷藏，並儘快食用。

平民版
美味肝醬

　　鵝肝醬的豐腴肥美舉世聞名，是那種一聽就讓人感受到富貴氣息的節慶美食。道地的法式鵝肝是以穀類逼食餵養的產物，因之色淺、肥厚、質地細滑，只不過價格高昂，而且總讓人擔憂那填鴨式的餵養法有點不人道。

　　於是在捨不得吃也吃不到法式鵝肝的日子裡，我喜歡做點平民版的雞肝或鴨肝醬。每回買全雞或全鴨的時候，把肚裡取出的肝臟洗淨冰凍，存了幾副就可以做一小盅醬；心急時則直接去菜市場裡買，一斤也不過十來塊錢，與牛油香料和陳酒烹煮並搗成泥後，竟與道地的鵝肝醬相距不遠，幾可亂真。名廚米歇爾‧理察（Michel Richard）稱他的招牌雞肝醬為 Faux Gras，一方面取正宗鵝肝── Foie Gras 的近音，一方面意謂「假鵝肝」，正是點出了其中巧妙。

　　鵝肝醬的食譜在坊間有許多版本，做法大同小異，主要區別在牛油的用量與香料種類的多寡。牛油用得越多，口感就越綿密，但當然熱量也就越高。我通常折衷處理，選用雞鴨肝重量對半的牛油，另外再用少許牛油封瓶。香料的部分我喜歡從簡，僅用鹽、黑胡椒、大蒜、紅蔥頭、百里香與月桂葉。

　　我認為肝醬裡最重要的調味元素是料酒，除了去腥，也能提味和增添底韻。料酒的選擇以白蘭地（Brandy）、干邑酒（Congac）、雪莉酒（要用不甜的 Dry Sherry）或馬德拉酒（Madeira）為佳。這類老酒入口有一股悠

遠的香氣，與肝醬的濃郁特別契合。

　　製成的肝醬在裝入陶瓷或玻璃器皿後，應於表面淋上淨化牛油（Clarified Butter）以封存，冷藏於冰箱可保鮮數週。表面的牛油一旦破封，最好多找三兩好友，在兩天內吃完。享用時塗抹於歐式脆皮麵包上，配上紅酒或香檳、一方乳酪、一碟橄欖、一盤生菜沙拉或新鮮水果，立即感覺像春暖花開的野餐時節！

肝醬

材料

牛油：90 克（分成 3 份）
大蒜：1 瓣（拍碎）
紅蔥頭：1 顆（切粗末）
百里香：少許
月桂葉：1 片
鴨肝或雞肝：約 120 克
鹽：¼ 小匙
黑胡椒：¼ 小匙
雪莉酒（Dry Sherry）：2 大匙

1 / 鴨肝洗淨擦乾,以小刀去除白筋。

2 / 平底鍋以中火預熱,取30克牛油入鍋融化後,加入大蒜、紅蔥頭、百里香、月桂葉與鴨肝,撒鹽與胡椒。慢煎鴨肝兩面共約5分鐘,直到內部切開呈粉紅色而不見血水。

3 / 取出月桂葉(丟棄)與鴨肝,倒雪莉酒於鍋中,煮滾並略微收汁。

4 / 將雞鴨肝與鍋中的汁水和香料一併倒入食物處理機或果汁機中,再加入另外30克的牛油,全部打碎。品嚐後可調整鹽與胡椒的分量(若熱的時候覺得鹽分剛好,冷了以後一定不夠鹹,所以鹽不可少放)。雪莉酒也可以略增1～2小匙。

5 / 肝醬打勻後倒入玻璃或陶瓷皿中,以湯匙鋪平,並可以在表面平放一片香草葉。

6 / 將剩餘的30克牛油放入一只小鍋中融化,以湯匙撇除表面的奶蛋白浮末,留下的金黃色液體即是所謂的「淨化牛油」。把淨化牛油淋在肝醬的表面,冷藏凝固後即可食用。

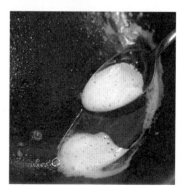

上海菜飯

　　我自從定居上海後才發現，在此地所謂「青菜」就是青江菜，甚至可以直接稱之為「菜」，其不可或缺的程度幾乎跟白米一樣，是少不了的基本糧食。最普通的青菜和白米煮在一起，自是再平凡不過，卻也因此百吃不厭，用來搭配紅燒菜式特別得宜，單獨吃也不錯。

　　我們家裡幫忙打理家務的上海阿姨很懂得精打細算，在這個菜價連番上漲的時節，她三天兩頭幫我買一兩斤最便宜的青江菜，有時包菜肉餛飩，有時煮菜湯麵，而最常做的就是菜飯。為了保持青江菜的鮮綠，她和現今大多數的上海人一樣，通常用隔夜冷飯炒青江菜，外加一點切成小丁的鹹肉和香腸。瑩白的米粒配上碧綠粉紅，忒是好看，「只可惜就是少了點菜香。」她說。原來菜飯的傳統做法是把菜和米煮在一起的，這麼一來兩者你儂我儂，米香與菜香交織成一氣；美中不足的是，青菜在電鍋裡燜久了會變黃，賣相差了點。在香與美不能兼得的狀況下，愛面子的上海人似乎更重視賣相。

　　不久前我心血來潮，試著在瓦斯爐上直接以傳統的方式燒菜飯。我先熱鍋把香腸、薑、蒜和青菜炒香，再一同拌炒洗淨瀝乾的白米，加鹽與雞湯煮開，轉小火加蓋煮二十分鐘，關火再燜個五分鐘。阿姨進到屋子裡來直呼好香，開蓋一看，菜色雖稱不上鮮綠，竟也沒有轉黃，想必因為在瓦斯爐上燒的時間不長，不像電鍋一燜就是幾刻鐘。年過半百的阿姨嘖嘖稱奇

說，小時候看過長輩在木柴灶頭上用臉盆如此燒菜飯，但自從有了電鍋後，還從不曾見人在瓦斯爐上直接燒飯，沒想到這古法煉鋼的方式竟一舉解決了香與美不能兼得的兩難！

　　阿姨說她後來回家都用這種方式燒菜飯，感覺簡單省事，從頭到尾只需要一只鍋子，還能燒出焦香的鍋巴，第二天用來做泡飯特別好。前幾天連她的鄰居都跑來問：「你家的菜飯怎麼特別香？」學會後立刻回家如法炮製。這會兒她那條弄堂裡，家家的灶頭都飄起菜飯香，頗有舊社會的味道呢！

菜飯（2 人份）

材料

香腸：2 小條（或是黑橋牌香腸一條，切小丁）
大蒜：2 ～ 3 瓣
薑末：少許
青江菜：4 ～ 5 株（切碎）
鹽：少許
白米：1 杯（洗淨瀝乾）
雞湯：1 杯（如用市售現成雞湯或鮮雞精，則可省略加鹽）

做法

1 / 以中火熱鍋，加 1 大匙油，先炒香腸逼出些許油脂，隨後加入整瓣大蒜，略微煎黃。

2 / 下薑末與青江菜，加少許鹽，炒至微微出水。

3 / 加入洗淨瀝乾的白米拌炒，直到油脂均勻覆蓋米粒。

4 / 倒入雞湯，湯滾後轉至小火，加蓋煮 20 分鐘。

5 / 關火繼續燜 5 分鐘即可。

✓ **小祕訣**

＊如果喜歡飯粒結實一點，水量可以略減。由於青菜會出水，菜用得越多，湯水就要加得越少。
＊每家的爐台火力不太一樣，所以火候也需要細部調整。如果依照食譜燒不出鍋巴，可以於起鍋前開中大火，聽到吱吱聲響再燒個 1 分鐘。
＊我喜歡在鍋裡加入整瓣煎黃的大蒜，如此一來，菜飯燜熟後會透出均勻且不喧賓奪主的蒜香。

鍋燒小洋芋

幾年前，我曾在電視上看過法國名廚賈克‧貝潘（Jacque Pépin）示範一道他從小在家裡常吃的 Potatoes Fondantes，意思是「熔化馬鈴薯」，做法極為簡單，賣相和味道都好。這道菜用的是個頭特小的新薯，洗淨連皮鋪放在平底鍋裡，加少許奶油與迷迭香，用雞湯蓋過，小火加蓋煮到軟。然後拿個杯子，用杯底輕輕的把鍋裡的馬鈴薯一個個壓扁，讓剩餘的雞湯滲進去。開蓋後火力加大收乾湯汁，繼續把底面煎黃，然後翻面再煎，最後撒上粗鹽與細蔥，全程不消三十分鐘。吃起來外面有奶油的褐香焦脆，裡面有雞汁的濃郁綿軟，就像「熔化」了一樣。我第一回試做就愛上了它的簡便與美味，從此對幼小的薯仔情有獨鍾。

自從搬來上海後，我一直尋尋覓覓找不著小土豆，問了阿姨才知道，原來這在此地是季節性產物，只有六、七月才買得到。上週在市場裡喜見一袋袋的當季新薯，立刻買了一斤回家。著手炮製時，阿姨在一旁看了說：「哎，這跟寧波人的做法差不多嘛！就這樣罄罄扁，煎一煎，撒點蔥花，我一個人可以吃一大碗！」

要知道在中國，「土豆」一般不被當作澱粉類的主食，而是下飯的「菜」，如四川的「醋溜土豆絲」、雲南的「老奶洋芋」，和陝西的「洋芋攪團」。阿姨每次吃一大碗寧波式蔥燒小土豆（她指的是大碗公），配滿滿一碗飯，肚皮想必撐到爆。她說有一年夏天吃了幾回合下來，腰圍硬

是大了好幾圈，所以現在她「只要看到賣小土豆的，就躲遠一點，假裝沒看到。否則一吃就停不下來，太嚇人喔」！

　　在我苦苦懇求下，阿姨昨天為我示範她從婆家那兒學來的小土豆燒法，果真和貝潘家的 Potatoes Fondantes 有異曲同工之妙，只不過材料更陽春，只用白水煮洋芋，然後起鍋以刀背壓扁，再回鍋煎到脆，最後撒一把蔥花和粗鹽。盛盤後一粒粒壓扁的洋芋好像迷你蔥油酥餅一樣，抓在指尖玲瓏可愛，入口一個接一個真的停不下來。我好不容易留了兩個給述海，其餘的全部自己吃掉，然後下午又去市場買了一袋小土豆。今年七月，我比基尼肯定是穿不得了。

寧波式蔥燒洋芋

材料　帶皮小洋芋
（分量不拘，只要平底鍋擺得下就好。
平底鍋最好選用不沾鍋材質）
沙拉油
鹽
蔥花

做法

1／　小洋芋洗淨，入清水煮到軟。

2／　用刀背把煮熟的洋芋一一壓扁。

3／　平底鍋上薄薄倒一層油，用中火把洋
芋兩面煎黃（約需 10 分鐘）。

4／　撒鹽與蔥花，聞到蔥油香氣即可盛盤
起鍋。

「做菜的樂趣就在於它看得到摸得到，聞得到吃得到，而且有付出必有回饋。看著蔥薑蒜辣椒劈劈啪啪地在油鍋裡彈跳釋放香氣，酒水注入沸騰瀰漫於空氣中，那種滿足感是非常真切踏實的。」──莊祖宜

Essential YY0911

其實大家都想做菜

莊祖宜——著

師大英語系畢業，哥倫比亞大學人類學碩士。留學期間發展出做菜的第二
專長，三十出頭終於決心轉行入廚，歷經廚藝學校與飯店學徒的磨練，並
在培養技藝的同時勤寫作分享餐飲見聞，著有《廚房裡的人類學家》、《其
實大家都想做菜》、《簡單·豐盛·美好》。婚後隨外交官夫婿四海為家，
曾先後旅居台北、紐約、西雅圖、波士頓、香港、上海、華府。目前派駐
印尼雅加達，育有兩子述海、述亞，以做菜和思考一切與飲食有關的課題
為人生志業。

「廚房裡的人類學家」系列烹飪教學視頻請見個人網站：
http://tzuichuang.wix.com/whatscooking

攝　　影：莊祖宜
美術設計：三人制創
內頁排版：呂昀禾
責任編輯：王琦柔
行銷企劃：賴姵如
版權負責：陳柏昌
副總編輯：梁心愉
初版一刷：2017 年 3 月 6 日
定　　價：新台幣 360 元

出　　版：新經典圖文傳播有限公司
發 行 人：葉美瑤
　　　　　臺北市中正區重慶南路一段 57 號 11 樓之 4
　　　　　電話：886-2-2331-1830　傳真：886-2-2331-1831
　　　　　讀者服務信箱：thinkingdomtw@gmail.com

總 經 銷：高寶書版集團
　　　　　臺北市內湖區洲子街 88 號 3 樓
　　　　　電話：886-2-2799-2788　傳真：886-2-2799-0909
海外經銷：時報文化出版企業股份有限公司
　　　　　地址：桃園縣龜山鄉萬壽路 2 段 351 號
　　　　　電話：886-2-2306-6842　傳真：886-2-2304-9301

特別感謝 Dana Yu、Fred Siu、smcego 概允本書使用相關照片
P21、P25、P85、P100、P113、P193 照片由 iStock 授權使用

國家圖書館出版品預行編目 (CIP) 資料

其實大家都想做菜 / 莊祖宜著 . -- 初版 . --
臺北市 : 新經典圖文傳播, 2017.03
　272 面 ; 17×23 公分 . -- (Essential ; 0911)
ISBN 978-986-5824-75-4(平裝)

1. 飲食 2. 文集
427.07　　　　　　　　　　106001822